陈铁山 主编

# 电子电工职业技能
## 速成课堂
# 家装水电工

U0229972

化学工业出版社
·北京·

本书以帮助读者熟练掌握家装水电工操作技能为目的，通过模拟课堂的形式，系统地讲解了家装水电工的基础知识、安全用电用水知识、水电工识图、场地工具的搭建与使用、水电工配件的识别与检测、水电工操作规程的实际应用。书中还通过精选的家装水电工施工案例进一步介绍了在实际工作中的具体操作步骤、方法、技能、思路、技巧、水电工实际处理技巧及要点点拨，举一反三，帮助读者快速掌握家装水电工施工技能。

　　本书可供从事家装水电安装施工的技术人员学习，也可供职业院校、培训学校相关专业的师生参考。

**图书在版编目（CIP）数据**

　　电子电工职业技能速成课堂·家装水电工/陈铁山主编. —北京：化学工业出版社，2018.1
　　ISBN 978-7-122-30977-8

　　Ⅰ.①家… Ⅱ.①陈… Ⅲ.①房屋建筑设备-给排水系统-建筑安装②房屋建筑设备-电气设备-建筑安装 Ⅳ.①TU821-62②TU85-62

　　中国版本图书馆CIP数据核字（2017）第276583号

---

责任编辑：李军亮　　　　　　　　　　文字编辑：谢蓉蓉
责任校对：王　静　　　　　　　　　　装帧设计：刘丽华

---

出版发行：化学工业出版社（北京市东城区青年湖南街13号　邮政编码100011）
印　　刷：三河市航远印刷有限公司
装　　订：三河市瞰发装订厂
710mm×1000mm　1/16　印张13¼　字数267千字　2018年2月北京第1版第1次印刷

---

购书咨询：010-64518888（传真：010-64519686）　　售后服务：010-64518899
网　　址：http://www.cip.com.cn
凡购买本书，如有缺损质量问题，本社销售中心负责调换。

---

定　　价：49.00元　　　　　　　　　　　　　　　版权所有　违者必究

　　水电工安装是家装行业中重要的一环，这十几年国内房地产行业发展迅速，新房水电安装数量与日俱增。目前家装水电工技术人员普遍存在数量不足和施工技术不够熟练的现状，而打算从事水电工职业的学员很多，针对这一现象，我们将实践经验与理论知识进行强化结合，以课堂的形式将课前预备知识、施工技能技巧、课内技能专讲、专题训练、课后实操训练为重点，将复杂的理论通俗化，将繁杂的操作明了化，建立起理论知识和实际应用之间的最直观桥梁。让初学者快速入门和提高，弄通实操基础，掌握维修实操方法和技能。

　　本书具有以下特点：

　　课堂内外，强化训练；

　　直观识图，技能速成；

　　职业实训，要点点拨；

　　按图索骥，一看就会。

　　值得指出的是：由于生产厂家众多，各厂家资料中所给出的电气图形符号、文字符号等不尽相同，为了便于读者结合实物安装维修，本书未按国家标准完全统一，敬请读者谅解。

　　本书由陈铁山主编，张新德、张新春、刘淑华、张利平、陈金桂、刘晔、张云坤、王光玉、王娇、刘运和、陈秋玲、刘桂华、张美兰、周志英、刘玉华、张健梅、袁文初、张冬生、王灿等同志也参加了部分内容的编写、翻译、排版、资料收集、整理和文字录入等工作。

　　由于编者水平有限，书中不妥之处在所难免，敬请广大读者给予批评指正。

编者

# 第一讲／职业化训练预备知识

# 第二讲 / 职业化学习课前准备

## 课堂一　场地选用 / 019

## 课堂二　工具准备 / 045

# 第四讲 ／ 职业化训练课后练习

# 第五讲 / 职业化训练课外阅读

# 第一讲 / 职业化训练预备知识

## 课堂一

# 水电工基础知识

## 一、电路基本定律

### （一）欧姆定律

在一段不含电动势只有电阻的电路中，流过电阻 $R$ 的电流 $I$ 与加在该电阻两端的电压 $U$ 成正比，与电阻阻值成反比，称作无源支路的欧姆定律。

无源支路欧姆定律的计算公式为

$$I = \frac{U^2}{R}$$

式中　$I$——无源支路电流，A；

　　　$U$——电阻两端的电压，V；

　　　$R$——支路电阻，Ω。

在一段含有电动势的电路中，其支路电流的大小和方向与支路电阻、电动势的大小和方向、支路两端的电压有关，称作有源支路欧姆定律。有源支路欧姆定律的计算公式为

$$I = \frac{U - E}{R}$$

式中　$I$——有源支路电流，A；

　　　$U$——电阻两端的电压，V；

　　　$R$——支路电阻，Ω；

　　　$E$——支路电动势，V。

### （二）基尔霍夫定律

基尔霍夫第一定律又称节点电流定律，几条支路所汇集的点称作节点。对于电路中任一节点，任一瞬间流入该节点的电流之和等于流出该节点的电流之和。或者说，流入任一节点的电流的代数和等于 0（假定流入的电流为正值，流出的电流则看作是流入一个负极的电流），即

$$I_1 + I_2 - I_3 + I_4 - I_5 = 0 \qquad (I_X \text{ 为任一节点电流})$$

基尔霍夫第二定律又称回路电压定律，电路中任一闭合路径称作回路。在任一瞬间，电路中任一闭合回路中各电阻上电压降的代数和恒等于回路中各电动势的代数和。

### （三）安培右手螺旋定律

右手握住螺旋线圈，让四指指向线圈中电流的方向，则大拇指所指的方向就是螺旋线圈内部磁力线的方向。

如图 1-1 所示，通电导体缠绕在一根铁棒上，这样就会在铁棒的内部和周围产生磁场，产生磁场的方向符合安培右手螺旋定律。

### （四）弗莱明右手定则

弗莱明在法拉第和楞次等科学家的研究基础上，推论出了用磁场方向和导体运动方向来表示感应电动势方向的法则，称为弗莱明右手定则，如图 1-2 所示。

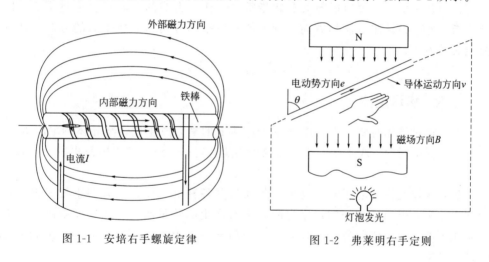

图 1-1　安培右手螺旋定律　　　　　图 1-2　弗莱明右手定则

伸开右手，使大拇指与其余四指垂直，让磁力线的方向竖直穿过手心，大拇指所指的方向为导体运动的方向，则其余四指所指的方向为感应电动势的方向。感应电动势的计算公式为

$$e = BLv\sin\theta$$

可见，在磁场中运动的导体会产生感应电动势（电压），导体就形成了一个电源（可以想象成电池）。如果外面接上一个电路，则电路中存在电流，灯泡会放光。

### （五）弗莱明左手定则

如图 1-3 所示，在磁极之间悬挂一导体，如果有电流通过导体，导体就会运动。这是由于磁极形成的磁场和电流形成的磁场间相互作用所致，这个力称为电磁力。

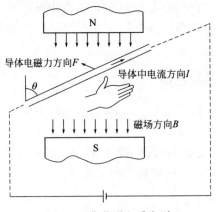

图 1-3　弗莱明左手定则

　　电磁力的方向取决于电流的方向和磁场的方向。运用弗莱明左手定则可进行判定：伸开左手，使大拇指与其余四指垂直，让磁力线的方向竖直穿过手心，四指所指的方向为导体电流的方向，则大拇指所指的方向为导体受力的方向。计算公式表示为

$$F = BIL\sin\theta$$

## （六）焦耳定律

　　电流通过导体时所产生的热量 $Q$ 与电流 $I$ 的平方成正比，与导体的电阻 $R$ 成正比，与通电时间 $t$ 成正比，这一结论称为焦耳定律。焦耳定律用公式表示为 $Q = I^2Rt$ 。

　　焦耳定律是设计电照明、电热设备及计算各种电气设备温升的重要公式。在串联电路中，电流是相等的，则电阻越大时产生的热量越多。在并联电路中，电压是相等的，通过变形公式，即 $W = Q = Pt = (U^2/R)t$ ，当 $U$ 一定时，$R$ 越大则 $Q$ 越小。

## （七）叠加定理

　　在线性电路中，任一支路的电流（或电压）可以看成是电路中每一个独立电源单独作用于电路时，在该支路产生的电流（或电压）的代数和（叠加）。线性电路的这种叠加性称为叠加定理。

　　叠加定理可用图 1-4 表示。线性电阻电路中的任一节点电压、支路电压或支路电流均可用以下形式表示：

$$y = H_1 u_{s1} + H_2 u_{s2} + \cdots + H_m u_{sm} + K_1 i_{s1} + K_2 i_{s2} + \cdots + K_n i_{sn}$$

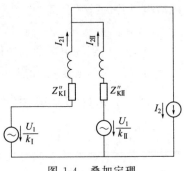

图 1-4　叠加定理

式中，$u_{sk}$（$k=1$，2，…，$m$）表示电路中独立电压源的电压；$i_{sk}$（$k=1$，2，…，$n$）表示电路中独立电流源的电流；$H_k$（$k=1$，2，…，$m$）和$K_k$（$k=1$，2，…，$n$）是常量，它们取决于电路的参数和输出变量的选择，而与独立电源无关。

值得指出的是，叠加定理只能用于计算线性电路（即电路中的元件均为线性元件）的支路电流或电压，不适用于计算功率。

### （八）戴维南定理

戴维南定理又称为等效电压源定律。戴维南定理可以在单口外加电流源 $i$，用叠加定理计算端口电压表达式的方法如图 1-5 所示。

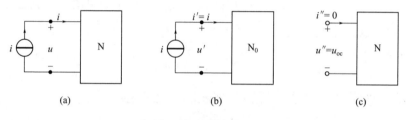

图 1-5 戴维南定理

在单口网络端口上外加电流源 $i$，根据叠加定理，端口电压可以分为两部分组成：一部分由电流源单独作用（单口内全部独立电源置零）产生的电压 $u'=R_0 i$；另一部分是外加电流源置零（$i=0$），即单口网络开路时，由单口网络内部全部独立电源共同作用产生的电压 $u''=u_{oc}$。由此得到：

$$U = u' + u'' = R_0 i + u_{oc}$$

值得指出的是，戴维南定理只对外电路等效，对内部电路不等效。也就是说，不可应用该定理求出等效电源电动势和内阻之后，又返回来求原电路（即有源二端网络内部电路）的电流和功率。另外，戴维南定理只适用于线性有源二端网络。如果有源二端网络中含有非线性元件，则不能应用戴维南定理求解。

## 二、水压与水流量

### （一）水压与水流量的基本常识

水压代表水的压力（即压强），单位为帕斯卡，简称帕，用符号 Pa 表示。由于单位 Pa 太小，工程上常用其倍数单位 MPa（兆帕）来表示。一般自来水水压是 0.7 公斤力左右，1MPa 等于 10 公斤力，1MPa＝10 公斤力水压（1MPa＝10kgf/cm²）。如图 1-6 所示，水塔高出供水位置垂直距离达 10m，忽略水塔本身的水压，在出水口测得的水压值应为 0.1MPa。

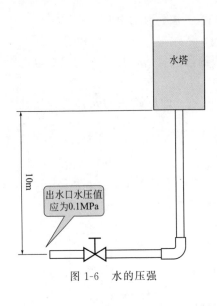

图 1-6 水的压强

水压与水量无关，只与水的深度和密度有关系，水越深，水压大；密度越大，水压越大。在实际生活中，家中水压还受水管的弯折次数影响，弯折次数越多，水压就会有所减小。在同样的深度上，水压对四周都有压力。

水流量即是表示在单位时间内自来水通过水管一定截面积的量。例如某游泳池的进水管道，每小时能够供水 5t，那么这个供水管道的流量为 5t/h。流量的单位有吨/小时（t/h）、升/分钟（L/min）、升/秒（L/s），t 为质量流量的单位，L 为体积流量的单位。它们之间的换算关系如下：

$$1t = 1000L$$
$$1m^3 = 1000L$$

## （二）水流量、流速、管径、水压的一般关系

水流量、流速、管径、水压之间的关系式（如薄壁小孔）如下：

$$Q = \mu A \sqrt{\frac{2\Delta p}{\rho}}$$

式中　$Q$——流量，$m^3/s$；

　　　$\mu$——流量系数，与阀门或水管的形状有关；

　　　$A$——面积，$m^2$；

　　　$\Delta p$——通过阀门前后的压力差，Pa；

　　　$\rho$——流体的密度，$kg/m^3$。

水流量、流速、管径、水压之间的关系具体如下：

① 水压与供水管道通径没有关系，而与水塔的高度或水泵的扬程（用水泵供水）有关系。当出水口位置不变时，水塔越高其水压越高。

② 水流量与水压差、管道截面积均有关系，水压差越大或管道越粗则流量就越大。

③ 当管道弯头多时，产生的阻力就越大，将会使流速下降，从而使流量减小。

# 水电工识图

## 一、家装水电工常用图形符号简介

### （一）电气图形符号简介

常用电气图形符号如表 1-1 所示。

**表 1-1　常用电气图形符号**

| 图形符号 | 定义 | 图形符号 | 定义 |
|---|---|---|---|
| | 灯的一般符号 | | 防水吊线灯 |
| | 吸顶灯 | | 声控灯 |
| | 单管荧光灯<br>双管荧光灯 | Wh | 电能表 |
| | 配电箱 | | 按钮 |
| DY | 电源 | | 普通型带指示灯双极开关（暗装） |
| | 普通型带指示灯单极开关（暗装） | | 单相两孔加三孔防水插座 |
| | 单相两孔加三孔插座（暗装） | | 空调用三孔插座 |
| | 壁灯 | | 断路器 |

续表

| 图形符号 | 定义 | 图形符号 | 定义 |
|---|---|---|---|
|  | 地线 |  | 向上配线<br>向下配线 |
|  | 接地接线箱 |  | 电话接线箱 |
| TV | 电视插座 |  | 二分支器 |
|  | 对讲分机 | IP | 电话插座 |
|  | 分配器 |  | 放大器 |
| DJ | 对讲楼层分配箱 | FD | 放大器、分支器箱 |
|  | 排气扇 |  | 吊灯 |

## （二）给排水图形符号简介

常用给排水图形符号如表 1-2 所示。

表 1-2　常用给排水图形符号

| 图形符号 | 定义 | 图形符号 | 定义 |
|---|---|---|---|
|  | 阀门井<br>检查井 | 成品<br>铅丝球 | 通气帽 |
| 平面<br>系统 | 清扫口 | 平面<br>系统 | 排水漏斗 |

续表

| 图形符号 | 定义 | 图形符号 | 定义 |
|---|---|---|---|
| | 自动冲洗水箱 | 平面　系统 | 立式洗脸盆 |
| | 淋浴喷头 | 平面　系统 | 浴盆 |
| | 台式洗脸盆 | | 蹲式大便器 |
| YD-　平面　XL-1　系统 | 雨水斗 | | 小便槽 |
| | 圆形地漏 | | 污水池 |
| | 管道交叉 | 平面　系统 | 坐式大便器 |
| | 多孔管 | | 立式小便器 |

## （三）采暖图形符号简介

常用采暖图形符号如表 1-3 所示。

表 1-3　常用采暖图形符号

| 图形符号 | 定义 | 图形符号 | 定义 |
|---|---|---|---|
|  | 供水管 |  | 平衡阀 |
|  | 闸阀 |  | 四通阀 |
|  | 截止阀 |  | 止回阀 |
|  | 散热器 |  | 减压阀 |
|  | 活接头 |  | 自动排气阀 |
|  | 手动调节阀 |  | 补偿器 |
|  | 回水管 |  | 套管补偿器 |
|  | 闸阀 |  | 弧形补偿器 |
|  | 集气罐 |  | 变径管、异径管 |
|  | 保护套管 |  | 法兰盖 |
|  | 球阀、转心阀 |  | 绝热管 |
|  | 蝶阀 | 或 | 角阀 |

续表

| 图形符号 | 定义 | 图形符号 | 定义 |
|---|---|---|---|
| 或 | 三通阀 | | 矩形补偿器 |
| | 节流阀 | | 波纹管补偿器 |
| | 减压阀 | | 球形补偿器 |
| | 安全阀 | | 法兰 |
| | 固定支架 | | 丝堵 |
| | | — | — |

## （四）水/电线路敷设文字符号简介

水/电线路敷设文字符号如表 1-4 所示。

**表 1-4　水/电线路敷设文字符号**

| 文字符号 | 定义 | 备注 |
|---|---|---|
| SC | 钢管 | 敷设材料符号 |
| PC | PVC 聚乙烯阻燃性塑料管 | |
| YJV | 电缆 | |
| SYV | 电视线 | |
| BV | 散线 | |
| PVC | 用阻燃塑料管敷设 | |
| DGL | 用电工钢管敷设 | |
| GXG | 用金属线槽敷设 | |
| KRG | 用可挠型塑制管敷设 | |
| CT | 桥架 WC 沿墙暗敷设 | 敷设方式符号 |
| WS | 沿墙明敷设 | |
| CC | 沿顶板暗敷设 | |
| F | 暗敷在地板内 | |
| CE | 沿顶板明敷 | |
| MEB | 总等电位 | |
| LEB | 局部等电位线路敷设方式代号 | |

续表

| 文字符号 | 定义 | 备注 |
|---|---|---|
| PE | 接地(黄绿相兼) | 电源线符号 |
| PEN | 接零(蓝色) | |
| 三相线(火线) | A相(黄)B相(绿)C相(红)kV(电压) | |
| LM | 沿屋架或屋架下弦敷设 | 线路明敷部位符号 |
| ZM | 沿柱敷设 | |
| QM | 沿墙敷设 | |
| PL | 沿天棚敷设 | |
| LA | 暗设在梁内 | 线路暗敷部位符号 |
| ZA | 暗设在柱内 | |
| QA | 暗设在墙内 | |
| PA | 暗设在屋面内或顶棚内 | |
| DA | 暗设在地面或地板内 | |
| PNA | 暗设在不能进入的吊顶内 | |
| a-b(c×d)e-f | a 表示回路编号 | 配电线路的标注方法 |
| | b 表示导线型号 | |
| | c 表示导线根数 | |
| | d 表示导线截面积 | |
| | e 表示敷设方式及穿管管径 | |
| | f 表示敷设部位 | |
| D | 吸顶式 | 照明灯具安装方式符号 |
| L | 链吊式 | |
| G | 管吊式 | |
| B | 壁装式 | |
| R | 嵌入式 | |
| BR | 墙壁内安装 | |
| a | 灯数 | 照明灯具标注方法 |
| b | 型号或编号 | |
| c | 每盏照明灯具的灯泡个数 | |
| d | 灯泡容量,W | |
| e | 灯泡安装高度,m | |
| f | 安装方式 | |
| L | 光源种类,如白炽灯或荧光灯 | |

# 二、家装水电工常用布置图简介

## （一）配电系统布置图简介

配电系统布置图是设计图中十分重要的部分，室内配电方式可以按电器类型分回路，也可以按房间分回路。住宅内所有电器（包括照明回路、插座回路、大功率电器等）的安装容量应进行用电负荷的估算。图 1-7 所示是典型的普通住宅配电系统布置图。

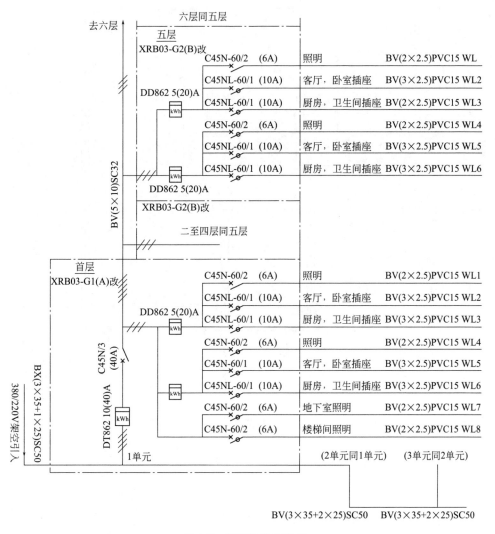

图 1-7 配电系统布置图

## （二）插座布置图简介

插座的布置原则是插座靠近用电设备。布置插座时需要根据平面布置图的电器位置布置插座，避免插座位置与家具设施冲突。图 1-8 所示是典型的两室两厅一卫插座布置图。

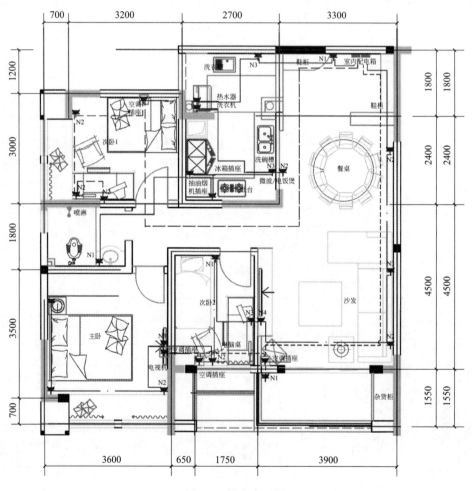

图 1-8　插座布置图

## （三）照明布置图简介

照明平面图是电气平面图的一部分，主要绘制照明的光源配置位置和供电线路的控制布置，详细布置了灯具、开关、插座及其完整标注。图 1-9 所示是典型的两室两厅一卫照明布置图。

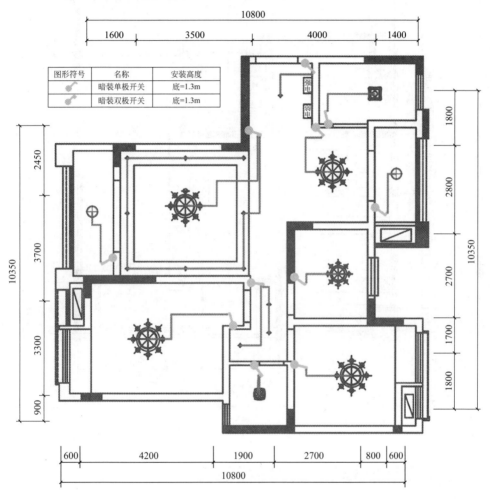

图 1-9 照明布置图

## （四）水管布置图简介

水管布置图用来表达给水进户管的位置及与室外管网的连接关系，给排水干管、立管、支管的平面位置和走向，管道上各种配件的位置，各种卫生器具和用水设备的位置、类型、数量等内容。图 1-10 所示是典型的三室两厅一卫水管布置图。

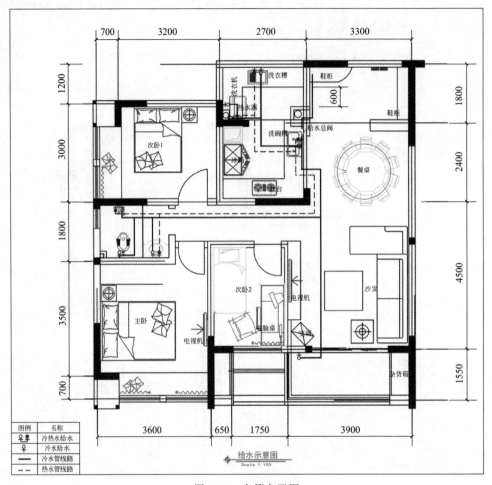

| 图例 | 名称 |
|---|---|
| ♀♂ | 冷热水给水 |
| ♀ | 冷水给水 |
| —— | 冷水管线路 |
| ---- | 热水管线路 |

给水示意图
Scale 1:100

图 1-10　水管布置图

# 三、家装水电工操作规程简介

## （一）水电安装操作规程简介

① 施工时必须按照施工要求作业。

② 剔槽钻孔时，锤头不得松动，铲子应无卷边、裂纹，作业人员必须戴好防护眼镜。

③ 楼板、砖墙钻透孔时，板下、墙后不得有人靠近。

④ 使用手持电钻时，电钻必须有可靠的接保护零线和重复接地，电源线必须通过触电保护器。

⑤ 管子穿带线时，不得对管口呼唤、吹气，防止带线弹力勾眼。穿导线时，

作业人员应互相配合防止挤手。

⑥ 管子预埋位置必须准确，绑扎牢固。

⑦ 安装照明线路时，不准直接在板条天棚或隔音板上通行或堆放材料。必须通行时，应在木方上铺设脚手板。

⑧ 采用人力弯管器弯管时应选好场地，防止用力时滑倒和坠落，操作时要避开尖锐物品。管子加热时，管口前不得站人或通过。

⑨ 线路上禁止带负荷接电或断电，并禁止带电操作。设备未做有效接地前，不准通电试机。

## （二）水电维修操作规程简介

① 作业时，必须按照劳动部门高低压规定进行安装和操作。

② 靠梯不准碰、压电源电线。

③ 在厨房等湿场地工作，或在上、下夹层工作时，都要先切断电源。不能停电时，至少应有两人在场地一起工作。

④ 停电维修时，应先通知有关部门及时悬挂标志牌，以免发生危险。

⑤ 上梯工作时，应放稳靠妥；高空作业时，应系好安全带。

⑥ 清扫配电箱时，所使用漆刷的金属部分必须用胶布包裹好。

⑦ 开闭开关时，尽量把配电箱锁好，利用箱外手柄操作；手柄在箱内时，人体不应正对开关。

## （三）带电作业操作规程简介

① 带电作业应由经验丰富的电工进行，至少两人同时工作，并且设有专责监护人进行监护。

② 带电作业时应使用合格的绝缘工具，工作时应站在干燥的绝缘物上进行。

③ 带电作业时应采取防止相间短路和单相接地的绝缘措施，采取防止误触、误碰周围低压带电体的措施。

④ 工作时先分清火线、零线，选好工作位置。

⑤ 断开线时，先断开火线，后断开地线。

⑥ 搭接导线时与断开线路的顺序相反，人体不得同时接触两根线头。

# 第二讲

## 职业化学习课前准备

# 场 地 选 用

## 一、水电材料选用及注意事项

### （一）PP-R管的选用及注意事项

PP-R（即 PR-R）管又称三型聚丙烯管，是目前家装工程中采用最多的供水管道，在家装中用于作冷热水的给水管。PP-R 管及管配件是由特殊的无规共聚聚丙烯（PP-R）制成的，该聚丙烯含有的乙烯分子在聚丙烯聚合物链中随机分布，是一种高强度的材料，即使在－0.5℃时仍然耐冲击。

PP-R 管材规格用管系列 S、公称外径 dn×公称壁厚 en 表示。PN 为公称压力，DN 为公称尺寸。PP-R 管材按尺寸分为 S5、S4、S3.2、S2.5、S2 等多个系列。其中，S5、S4 应用于冷水管材，S3.2、S2.5 应用于热水供应管材。PP-R 管规格表示法及等级对应公称压力如图 2-1 所示。

自来水公司供应的生活用水压力一般在 0.2～0.35MPa，因此选择 PP-R 管材能承受的压力要远远大于上述数值范围。在选购管材时用户需要了解 PP-R 管的标识，以找到合适的产品。现行建筑给排水设计与施工验收规范以及所有塑料管材生产企业，对塑料管径规格的表示均为公称外径，符号为 dn，单位为 mm。PP-R 管材用 dn×en 表示，其中 en 代表壁厚。PP-R 管材有关规格如图 2-2 所示。

选用 PP-R 管时应注意以下事项：

① 从外观看，PP-R 管材的色泽应基本一致，内外表面应光滑、平整，无凹陷、气泡和其他影响性能的表面缺陷，不应含有可见杂质；管件表面应光滑、平整，不允许有裂纹、气泡、脱皮和明显的杂质、严重的缩形以及色泽不均、分解变色等缺陷。

② 正确识别 PP-R 管材质量。真正的 PP-R 管材应符合标准 ISO/DIS 15874.2：1999《冷热水用塑料管道系统—PP——第二部分：管材》，管件应符合标准 ISO/DIS 15874.2：1999《冷热水用塑料管道系统—PP——第三部分：管件》；伪 PP-R 管道和管件的性能是无法通过上述标准的。应当指出，伪 PP-R 管材的使用寿命仅为 1～5 年，而真正的 PP-R 管材使用寿命均在 50 年以上。

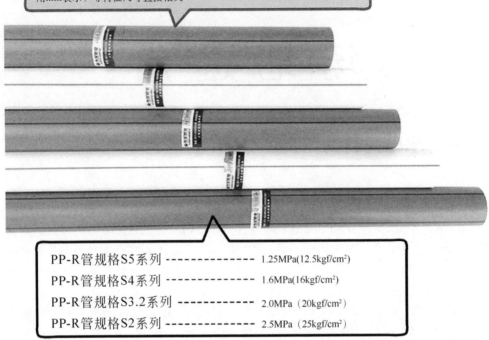

PN为公称压力，与管道系统元件的力学性能和尺寸特性相关。DN为公称尺寸，用于管道系统元件的字母和数字组合的尺寸标识。它由字母DN和后跟无因次的整数数字组成。这个数字与端部连接件的孔径或外径（单位用mm表示）等特征尺寸直接相关

PP-R管规格S5系列 -------------- 1.25MPa(12.5kgf/cm²)

PP-R管规格S4系列 -------------- 1.6MPa(16kgf/cm²)

PP-R管规格S3.2系列 ------------ 2.0MPa（20kgf/cm²）

PP-R管规格S2系列 -------------- 2.5MPa（25kgf/cm²）

图 2-1　PP-R 管规格表示法及等级对应公称压力

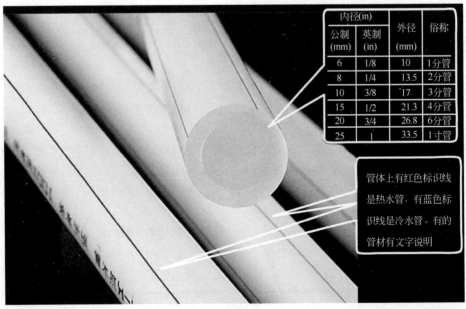

| 内径(in) | | 外径 | 俗称 |
|---|---|---|---|
| 公制 (mm) | 英制 (in) | (mm) | |
| 6 | 1/8 | 10 | 1分管 |
| 8 | 1/4 | 13.5 | 2分管 |
| 10 | 3/8 | 17 | 3分管 |
| 15 | 1/2 | 21.3 | 4分管 |
| 20 | 3/4 | 26.8 | 6分管 |
| 25 | 1 | 33.5 | 1寸管 |

管体上有红色标识线是热水管，有蓝色标识线是冷水管。有的管材有文字说明

图 2-2　PP-R 管材有关规格

③ 好的 PP-R 管韧性好，可轻松弯成一圈不断裂。劣质 PP-R 管较脆，一弯即断。

④ 注意管道总体使用系数 $C$（即安全系数）的确定。在一般场合，且长期连续使用温度＜70℃，可选 $C=1.25$；在重要场合，且长期连续使用温度≥70℃，并有可能较长时间在更高温度运行，可选 $C=1.5$。

⑤ 正确区分管材用途，合理选择冷热水管。冷热水管壁厚不同，耐压不同，价格也不同。用于冷水（≤40℃）系统时，选用 PN1.0～1.6MPa 管材、管件；用于热水系统时，选用≥PN2.0MPa 管材、管件。

⑥ 管件的 SDR 应不大于管材的 SDR，即管件的壁厚应不小于同规格管材的壁厚。

⑦ PP-R 管氧指数较低，属于可燃材料，不得用于消防给水系统，也不得与消防给水管道连接。

## （二）PVC 管的选用及注意事项

PVC 管是一种主要材料为聚氯乙烯的合成材料，在生产过程中另加入其他成分来增强其耐热性、韧性、延展性等。不同应用领域要求 PVC 管有不同的功能，日常生活中 PVC 管主要用于穿线管、排水管和给水管，如图 2-3 所示。

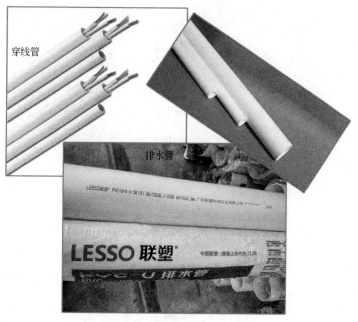

图 2-3　常见的几种 PVC 管

### 1. PVC 穿线管

PVC 穿线管俗称塑料穿线管，材料学名为"建筑用绝缘电工套管"。通俗地讲是穿电线用的管子，具有防腐蚀、防漏电、阻燃等功能。PVC 穿线管广泛用于建筑工程中混凝土内，楼板间或墙内作为电线导管（暗管），也可作为一般配线导线

（明管）及邮电通信、网络布线用管等。

PVC 穿线管的产品规格分为 L 型（轻型）、M 型（中型）和 H 型（重型）三种，如图 2-4 所示。

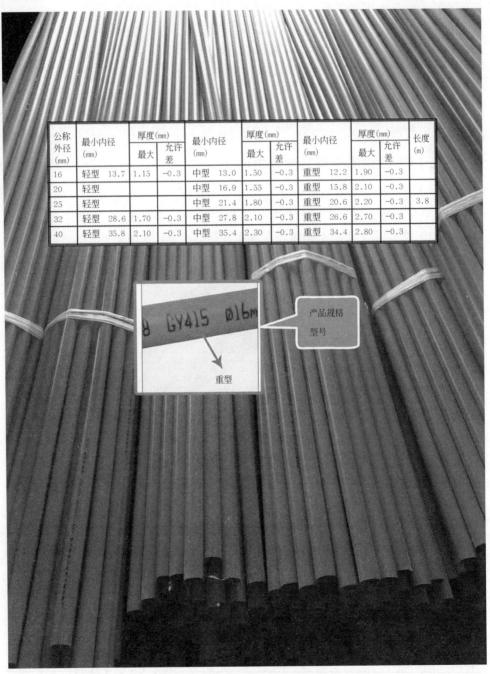

| 公称外径(mm) | 最小内径(mm) | 厚度(mm) | | 最小内径(mm) | 厚度(mm) | | 最小内径(mm) | 厚度(mm) | | 长度(m) |
|---|---|---|---|---|---|---|---|---|---|---|
| | | 最大 | 允许差 | | 最大 | 允许差 | | 最大 | 允许差 | |
| 16 | 轻型 13.7 | 1.15 | −0.3 | 中型 13.0 | 1.50 | −0.3 | 重型 12.2 | 1.90 | −0.3 | |
| 20 | 轻型 | | | 中型 16.9 | 1.55 | −0.3 | 重型 15.8 | 2.10 | −0.3 | |
| 25 | 轻型 | | | 中型 21.4 | 1.80 | −0.3 | 重型 20.6 | 2.20 | −0.3 | 3.8 |
| 32 | 轻型 28.6 | 1.70 | −0.3 | 中型 27.8 | 2.10 | −0.3 | 重型 26.6 | 2.70 | −0.3 | |
| 40 | 轻型 35.8 | 2.10 | −0.3 | 中型 35.4 | 2.30 | −0.3 | 重型 34.4 | 2.80 | −0.3 | |

图 2-4　PVC 穿线管的产品规格型号

　　PVC 穿线管的公称外径分别为 16mm、20mm、25mm、32mm、40mm 的产品厚度如图 2-5 所示。

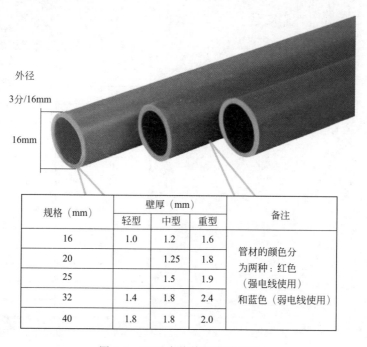

| 规格（mm） | 壁厚（mm） | | | 备注 |
|---|---|---|---|---|
| | 轻型 | 中型 | 重型 | |
| 16 | 1.0 | 1.2 | 1.6 | 管材的颜色分 |
| 20 | | 1.25 | 1.8 | 为两种：红色 |
| 25 | | 1.5 | 1.9 | （强电线使用） |
| 32 | 1.4 | 1.8 | 2.4 | 和蓝色（弱电线使用） |
| 40 | 1.8 | 1.8 | 2.0 | |

图 2-5　PVC 穿线管的有关规格

　　在选用 PVC 穿线管时，应选择阻燃 PVC 线管，其管壁表面应光滑，壁厚要求达到手指用劲捏不破的强度，而且应有合格证书。PVC 穿线管的标识中应标明产品的执行标准。目前阻燃 PVC 穿线管执行的标准有公安部行业标准 GA 305—2001、建设部标准 JG 3050—2000 和地方标准 DB51/169—96 以及一些企业标准。普通家庭用户安装选用的阻燃穿线管只要能达到建设部的标准即可，如果是建筑工程领域使用的穿线管，为了满足消防安全的要求，一定要达到公安部行业标准。

　　另外需要注意的是，PVC 穿线管作为阻燃建筑材料产品在用于有防火要求的建筑物或部位时，还应满足国家标准 GB 8624—1997《建筑材料燃烧性能分级方法》中相应的防火级别的要求。

## 2. PVC 排水管

　　PVC 排水管以卫生级聚氯乙烯（PVC）树脂为主要原料，加入适量的稳定剂、润滑剂、填充剂、增色剂等经塑料挤出机挤出成型和注塑机注塑成型，通过冷却、固化、定型、检验、包装等工序以完成管材、管件的生产。PVC 排水管具有管材轻、施工方便、排水性能良好等优点。

　　PVC 排水管的常规规格如图 2-6 所示，PVC-U（硬质 PVC 管）管材的长度一般为 4m 或 6m，其他长度由供需双方协商确定。

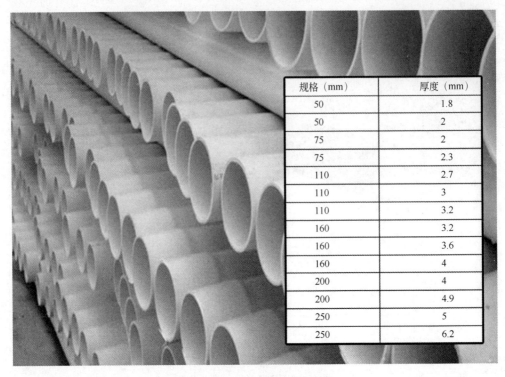

| 规格（mm） | 厚度（mm） |
|---|---|
| 50 | 1.8 |
| 50 | 2 |
| 75 | 2 |
| 75 | 2.3 |
| 110 | 2.7 |
| 110 | 3 |
| 110 | 3.2 |
| 160 | 3.2 |
| 160 | 3.6 |
| 160 | 4 |
| 200 | 4 |
| 200 | 4.9 |
| 250 | 5 |
| 250 | 6.2 |

图 2-6　PVC 排水管的常规规格

选用 PVC 排水管应注意以下事项：

① 应选择执行国家标准（GB/T 5761—2006《悬浮法通用聚氯乙烯树脂》）的产品，选购时注意观察管材上是否标明执行国家标准，如执行的是企标则应引起注意。

② 注意观察管材外观。合格的管材应光滑、平整、无气泡、变色等缺陷，色泽均匀一致，无杂质，壁厚均匀。

③ 应注意给水管材的压力等级，注意选择满足实际使用要求的压力等级。一般来说，热水管宜选用管系列 S2.5 以下的管材，也就是外径为 20mm 的管材壁厚宜在 3.4mm 以上，外径为 25mm 的管材壁厚宜在 4.2mm 以上。

④ 管材应有足够的刚性，用手按压管材不产生变形即为合格产品。

### 3. PVC 给水管

PVC 给水管是以卫生级聚氯乙烯树脂为主要原料的合成材料，用于给水用管材。PVC 给水管道所示的压力均表示为公称压力，用 MPa 表示（1MPa≈10kgf/cm²，即管材在 20℃条件下，输送介质的工作压力）。同规格管材的公称压力一般以管材的壁厚来划分。

PVC 给水管大多采用 PVC-U 管，这种管材的连接方式为胶黏法，遇热时易脱落开胶，多适用于地下管线或者暗埋管线，如居住小区、厂区埋地给水系统。如果用于大口径高水压明管，必须设计特殊支架，尤其是转角部位（水流冲击对转弯处的破坏极大）。

家装给水管使用PVC管（含PVC-U管）的较小，选择给水管道必须考虑足够的压力安全系数。PVC给水管的常规规格如图2-7所示。

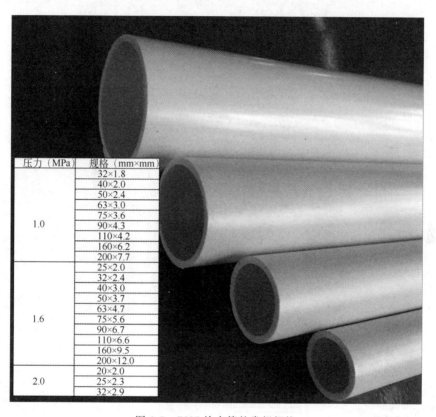

| 压力（MPa） | 规格（mm×mm） |
| --- | --- |
| 1.0 | 32×1.8 |
| | 40×2.0 |
| | 50×2.4 |
| | 63×3.0 |
| | 75×3.6 |
| | 90×4.3 |
| | 110×4.2 |
| | 160×6.2 |
| | 200×7.7 |
| 1.6 | 25×2.0 |
| | 32×2.4 |
| | 40×3.0 |
| | 50×3.7 |
| | 63×4.7 |
| | 75×5.6 |
| | 90×6.7 |
| | 110×6.6 |
| | 160×9.5 |
| | 200×12.0 |
| 2.0 | 20×2.0 |
| | 25×2.3 |
| | 32×2.9 |

图 2-7　PVC 给水管的常规规格

### （三）下水配件的选用及注意事项

下水配件是用于浴缸、洗面盆下水道等处安放的排水装置。下水配件按用途可分为浴缸下水、洗面盆下水等，如图2-8所示。

目前，市面上的下水配件按类型可分为弹跳下水和翻盖下水等，按材质可分为全铜下水、不锈钢下水和塑料下水等。几种常用于卫生间中的下水如图2-9、图2-10所示。

市面上基本90％的下水器都是通用型号，适合洗面盆下水孔的尺寸为40～50mm，下水器上部直径为60mm，螺纹直径为38mm，下部管子直径在31mm左右，总高为190mm（标准接口）。

浴缸下水

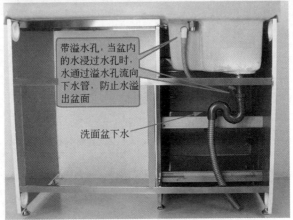

带溢水孔，当盆内的水浸过水孔时，水通过溢水孔流向下水管，防止水溢出盆面

洗面盆下水

图 2-8　浴缸下水和洗面盆下水

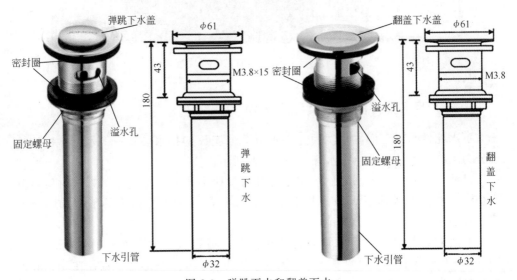

弹跳下水盖

密封圈

固定螺母

溢水孔

下水引管

φ61

43

180

φ32

M3.8×15

弹跳下水

翻盖下水盖

密封圈

溢水孔

固定螺母

下水引管

φ61

43

180

φ32

M3.8

翻盖下水

图 2-9　弹跳下水和翻盖下水

图 2-10　几种不同材质下水

选购下水配件时应注意以下事项：

① 弹跳下水按大小区分有小弹跳下水和大弹跳下水两种。小弹跳下水使用范围较广，适用各种陶瓷盆和玻璃盆；大弹跳下水一般使用在玻璃盆上。

② 应根据使用环境选购下水配件。弹跳的下水器打扫很方便，弹跳下水可以有效地把杂质和头发过滤在弹跳器上随时拿起来清理，阻止杂质和头发进入下水管堵塞；其缺点是寿命短，弹跳器易损坏。翻盖下水的特点就是使用寿命极长，下水速度快，成本稍微降低，比较适合需要快速排水但很少带有杂质的地方（如阳台等）；其缺点是无法过滤杂质。

③ 按盆型号区分又分为带溢水孔下水与不带溢水孔下水两种型号。选购下水配件时，应注意面盆是否有溢出口，如果有则应选择带有开口的下水器，如果没有则应选择没有开口的下水器，确保和自家的面盆匹配。

## （四）水龙头的选用及注意事项

水龙头是水阀的通俗称谓，用来控制水流的大小。水龙头的更新换代速度非常快，按材料来分，可分为 SUS304 不锈钢水龙头、铸铁水龙头、全塑水龙头、黄铜水龙头、锌合金水龙头，高分子复合材料水龙头等；按功能来分，可分为洗面盆水龙头、浴缸水龙头、淋浴水龙头、厨房水槽水龙头及电热水龙头（瓷能电热水龙头）；按结构来分，可分为单联式水龙头、双联式水龙头和三联式水龙头等；按阀芯来分，可分为橡胶芯（慢开阀芯）水龙头、陶瓷阀芯（快开阀芯）水龙头和不锈钢阀芯水龙头等。目前，市面上常见的几种水龙头如图2-11～图2-13所示。

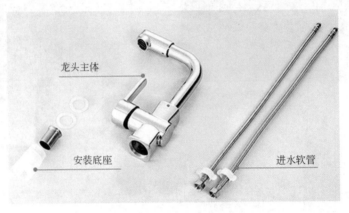

图 2-11　洗面盆水龙头

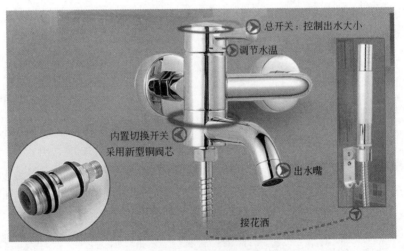

图 2-12　三联式浴缸水龙头

　　影响水龙头质量最关键的就是阀芯。橡胶芯水龙头多为螺旋式开启的铸铁水龙头，现在已经基本被淘汰；陶瓷阀芯水龙头是近几年出现的，质量较好，使用比较普遍；不锈钢阀芯水龙头更适合用于水质差的地区。选购水龙头时，应从材质、功能、造型等多方面来综合考虑。水龙头具体选用方法及注意事项如下：

　　① 选用水龙头首先看表面的光亮度。在选购时，要注意表面的光泽，以光亮无气泡、无疵点、无划痕的为合格产品。挑选时用手指按一下水龙头表面，指纹

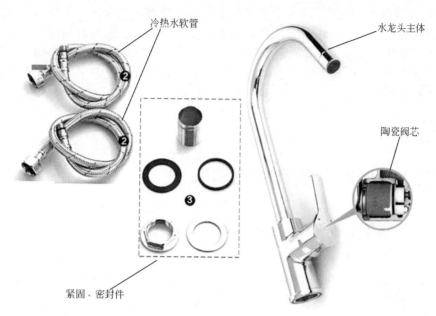

图 2-13 厨房水槽水龙头

很快散去的，说明涂层不错；指纹越印越花的就差一些。另外，正规产品的水龙头用手摸时应无毛刺、无氧化斑点、无气孔。

② 外观选好后，还要试试水龙头的手感。轻轻转动手柄，看看是否轻便灵活，有无阻塞，开关是否顺畅，上下左右开关能否稳定地调节水温的幅度，一般上下达到30℃、左右达到90℃的为最佳。还要检查水龙头的各个零部件，尤其是主要零部件装配是否紧密，应无松动感觉。值得注意的是，水龙头轻并不代表手感好。

③ 选用水龙头应依据水源的要求，如果是单一供水，则应选择一个进水口的水龙头；如果是冷、热水分流供应，有一个进水口的水龙头就不能选用。

④ 水龙头一般有单柄水龙头与双柄水龙头两种。单柄水龙头只有一个孔，而双柄水龙头还可分为4寸孔和8寸孔两种，因此选购时应根据购买的台盆式样而定。

⑤ 根据水源及使用要求正确选用水龙头。如果需要很快地调节水的温度和流量，就不宜选用双柄水龙头，最好使用单柄水龙头。如果需要变换用水的位置，就不宜选用固定式水龙头，而应使用移动式水龙头。

⑥ 根据使用形式正确选用水龙头。如果是经常手上带油、肥皂液时使用，就不应选择旋转式水龙头，应选择抬启式水龙头更为方便。抬启式冷热混水龙头有较大的适用范围，在不好确定准确的使用方式时，可以选用此种水龙头。

⑦ 根据家居不同的装饰风格及需要选用水龙头。水龙头从构成材质上划分有铸铁水龙头、钢水龙头、不锈钢水龙头等。不锈钢水龙头的表面处理方式很多，有仿金、镀金、仿铜、仿青铜等多种。水龙头选择时应与家居的装饰风格搭配协调。

⑧ 目前市场上的水龙头从内部结构上划分有垫圈式水龙头、钢球阀芯水龙头和陶瓷阀芯水龙头。垫圈式水龙头是传统的老产品，密封圈容易损坏，基本上已经淘汰。钢球阀芯水龙头具有顽强的抗耐压能力，缺点是起密封作用的橡胶圈易损耗，很多会老化。而陶瓷阀芯水龙头本身就具有良好的密封性能，而且采用陶瓷阀芯的水龙头在手感上更能体现出舒适、顺滑。铜制水龙头有杀菌、消毒作用，质量好，但价格也贵，且消费者难以识别铜质量，最好的办法就是购买具有一定知名度的品牌产品。

# 二、场地的清理及注意事项

## （一）水电进场前的场地准备工作及注意事项

① 首先拆除施工场地的垃圾及废旧物品，做好施工场地清扫工作。

② 将水电安装的材料搬运到施工现场。搬运管材和管件时，应小心轻放，避免油污，严禁剧烈撞击、与尖锐物品碰触和抛、摔滚、拖。

③ 管材和管件应存放在通风良好的房间内，防止阳光直射，注意防火安全，距离热源不得小于 1m。

④ 管材应水平堆放在平整的地上，应避免弯曲管材，堆置高度不得超过1.5m。管件应逐层码堆，不宜叠得过高。

⑤ 将材料搬运到现场时应轻拿轻放，以免碰坏建筑物门窗及墙面。

⑥ 提前准备好工具与器材，并分类堆放整齐，以方便施工时调用。具体工具与器材如表 2-1 所示。

表 2-1　工具与器材的准备

| 工具 | 器材 |
| --- | --- |
| 锤子、尖錾子、扁錾子、电锤、切割机、开凿机、墨斗、卷尺、水平尺、平水管、铅笔、彩色粉笔、钢丝钳、活络扳手、螺丝刀、电工刀（墙纸刀）、弯管器、剪切器、小平头烫子、灰铲、灰桶、水桶、试压泵、软管、手套、防尘罩、风帽等 | 水泥、沙子、红砖、垃圾袋、底盒、锁扣、阻燃冷弯电线槽（管）电线、线卡、钢钉、线管直接、堵头、黄蜡套管、粗砂纸、排水管、排水配件、排水胶、干抹布等 |

⑦ 施工前准备好施工临时用水。在蹲便器更换之前，只能用公共卫生间的一个水龙头接水。在蹲便器更换之后，只能用主卫的一个水龙头接水。下班或离开工地前应切断水源。

⑧ 应保持施工场地的整洁，地面防尘、湿水，只能喷洒，绝不可倒水以造成地面蓄水。

⑨ 水电施工之前，工人应对老墙墙面进行清理，将墙面老粉铲掉后再开槽，如图 2-14 所示。不能开槽后再铲老粉，否则造成开好的槽内堆满灰尘，不利于工作效率和工程质量。

⑩ 水电安装后期工程完工时，也应做好场地的清理工作，做到工完场清。

先对老墙墙面进行清理

图 2-14　先铲除老墙

## （二）水电施工的清理工作及注意事项

① 确认所开线路槽、水路槽完毕后，应及时进行清理，清理时应洒水防尘，开槽凿出的渣土清扫后全部装袋。除用扫帚清扫外，所开槽的缝隙间还要用小铲反复撮干净，如图 2-15 所示。

② 安装底盒时，应先用水将安装底盒的洞湿透，并将洞中杂物清理干净。底盒稳固后，将刚稳固的底盒及锁扣里的水泥砂浆及时清理干净。

③ 安装开关插座时，应先用工具轻轻将底盒内残存的灰块剔掉，同时将其他杂物一并清出盒外，再用布将盒内的灰尘擦干净，如图 2-16 所示。

④ 生产生活给水管道在交付使用前必须进行冲洗和消毒，符合国家《生活饮用水标准》方可使用。采暖管道在系统试压合格后，也应对系统进行冲洗并清扫过滤器及除污器，这样做是为了保证系统内部清洁，防止因泥沙等积存影响热媒的正常流动。对于消防系统，最好在试压合格后冲洗一下，以免有堵塞。

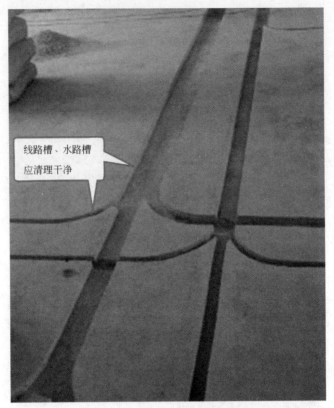

图 2-15  水路槽、线路槽的清理

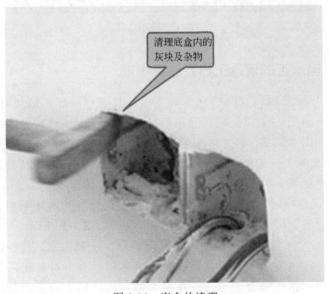

图 2-16  底盒的清理

⑤ 管道连接使用热熔工具时，应遵守电器工具安全操作规程，注意防潮和脏物污染。操作现场不得有明火，严禁对给水聚丙烯管材进行明火烧烘弯。

⑥ 室内明装管道要与结构进度相隔两层的条件下进行安装。室内地平线应弹好，初装修抹灰工程已完成，安装场地无障碍物。

⑦ 排水管道安装完成后，应将所有管口封闭严密，防止杂物进入造成管道堵塞。

⑧ 通水之前，应将器具内污物清理干净。

# 三、家装水电工安全常识

## （一）防触电安全常识

### 1. 防止直接接触触电措施

直接接触触电是人体触及或过分接近带电体形成的电击，又称正常状态下的触电。常见的直接接触触电有单相触电和两相触电，如图 2-17 所示。

防止直接接触触电应做好以下技术措施。

（1）安全距离

安全距离是指带电体与工作人员（或设备）之间应保持的最小空气间隙，以防止人身伤亡和设备事故的发生。安全距离的大小主要取决于电压的高低、设备运行状况和安装方式。

（2）绝缘防护

所谓绝缘防护是指用绝缘材料将导体包裹起来，使带电体与带电体或其他导体之间实现电气上的隔离，使电流沿着导体按规定的路径流动，从而确保电气设备和线路正常工作，防止人体触及带电体发生触电事故。

电气设备的绝缘防护是最基本的安全措施。完善的绝缘是实现人身和设备安全的保证。设备的绝缘损坏或不良，将会发生短路事故，造成设备的损坏，或导致设备漏电引发触电人身伤亡事故。绝缘损坏的主要原因有设备缺陷、机械损伤、热击穿和电压击穿等。

设备绝缘性能的优劣用其绝缘电阻来衡量。绝缘电阻是最基本的绝缘性能指标，一般用绝缘电阻表来测量。按照电气安全规范，对于新装和大修后的低压线路和设备，要求绝缘电阻不低于 $0.5M\Omega$。当设备或导线的绝缘电阻低于电气安全技术规范要求的电阻值时，应报废或进行绝缘处理符合要求后再使用。

（3）屏护

屏护是采用遮栏、护罩、护盖、栅栏、保护网、围墙等屏护装置将带电体与外界隔离开来。一是用来防止工作人员意外地接触或过分接近带电体；二是用来作为检修部位与带电体的距离小于安全距离时的隔离措施，从而有效地防止直接接触触电。

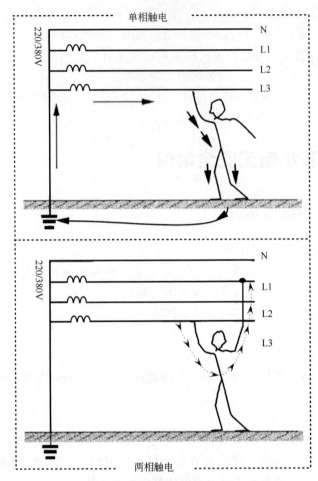

图 2-17　单相触电和两相触电

值得注意的是，金属制作的遮栏或栅栏必须妥善接地。

（4）安全电压

安全电压是指不致使人直接致死或致残的电压，一般环境条件下允许持续接触的"安全特低电压"是 36V。采取安全电压，使人体发生触电后通过人体的电流小于摆脱电流值。安全电压应满足以下三个条件：

① 标称电压不超过交流 50V、直流 120V。

② 由双绕组隔离变压器供电。

③ 安全电压电路与供电电路及大地隔离。

值得指出的是，在任何情况下都不能把安全电压理解为没有危险的电压。

（5）漏电保护

漏电保护由漏电保护器来实现，漏电保护器是一种当人体发生单相触电或线路漏电时能自动地切断电源的装置。图 2-18 所示是电流动作型漏电保护器工作原理图。在正常情况下，主电路三相电流的相量和等于零，因此零序电流互感器的二次绕组没有电压输出。但当有漏电或发生触电时，主电路三相电流的相量和就不等于零，此时互感器有电压输出，该电压经 F 放大后加在脱扣装置的动作线圈上，使脱扣装置动作，将主开关断开，切除故障电路。经试验，按钮 QA 按下测试，全过程一般在 0.1s 内，故可有效地起到保护作用。

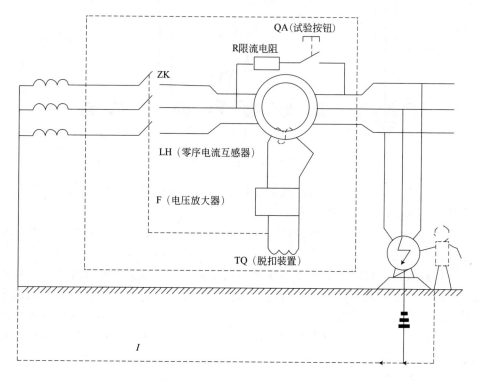

图 2-18　漏电保护器工作原理图

　　漏电保护器既能够起到防止直接接触触电的作用，又能够起到防止间接接触触电的作用。但需要注意的是，漏电保护器对两相触电不能进行保护，对相间短路也不能起到保护作用。

　　在家装水电施工中，对手持电动工具、热水器等设备以及潮湿的厨房、卫生间等场地都必须安装漏电保护器，以确保安全。

### 2. 防止间接触电的措施

　　间接接触触电是人体接触到正常情况下不带电的设备的金属外壳或金属构架而发生的触电现象。间接接触触电又称非正常状态下的触电现象，跨步电压触电属于间接接触触电，如图 2-19 所示。

　　防止间接接触触电应做好以下技术措施。

　　（1）保护接地

　　为了人身安全和电力系统工作的需要，将电气设备或用电装置中某部位经接

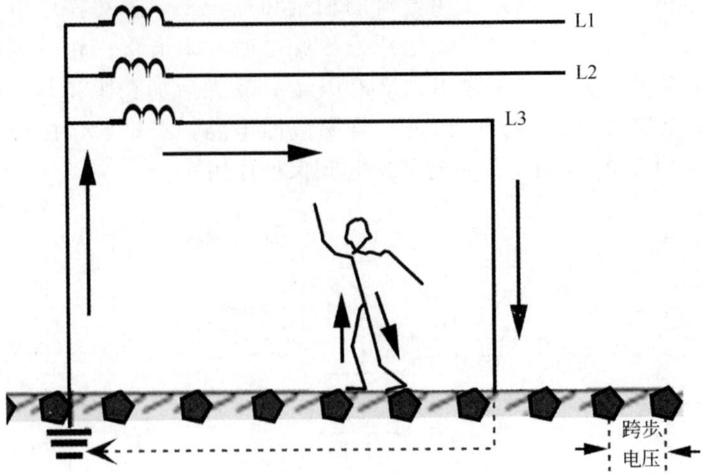

图 2-19　跨步电压触电

地线和接地体与大地做良好的电气连接称为接地。按接地目的的不同，主要分为工作接地、保护接地和保护接零。

在正常和故障情况下为了保证电气设备可靠运行，必须将电力系统中某一点接地，这种接地称为工作接地，比如电力系统中的变压器或发电机的中性点直接接地。保护接地主要用于中性点不接地的低压系统中，就是将电气设备的金属外壳（在正常情况下是不带电的）接地。比如水电施工中携带式移动电动工具的金属外壳和底座；在安装电饭煲、洗衣机、冰箱、热水器、空调器等家用电器要求配备带接地的单相电源，以保证安全使用，防止间接触电。低压电气设备保护接地电阻不大于 $4\Omega$。

（2）保护接零

保护接零就是将电气设备的金属外壳接到零线（或称中性线）上，宜用于中性点接地的低压系统中。在中性点接地的供电系统中用电设备的外壳应采用保护接零。但在保护零线的线路上，不允许装设开关或熔断器。

值得注意的是，由低压公用电网或农村集体电网供电的电气装置不得采用保护接零，而应采用保护接地。在同一个低压供电系统中，不允许同时使用保护接地和保护接零。

（3）跨步电压防护

跨步电压的大小与接地电流、土壤的电阻率、设备的接地电阻以及人体的位置等因素有关。

为防止跨步电压触电，高压设备发生接地故障时，室外不得接近故障点 8m 以内，室内不得接近故障点 4m 以内。穿绝缘鞋、戴绝缘手套是防止接触触电和跨步电压触电的最简单方法。当出现电击事故时，跨步电压者应单脚或双脚并立跳动位移，直到跳出危险地区为止（距电源接地点 8m 以外）。

## （二）防火安全常识

在家庭水电安装过程中，如果不正确使用电线电缆，选择劣质或老旧的电线电缆，很容易引起火灾的发生。因此，施工过程中必须注意材料的存放与施工过程的注意事项，具体如下所述：

① 在装修工地中，避免将成卷的电线电缆打散，必须远离明火存放。也不宜将电线电缆直接暴露在阳光照射或超高温下，尤其是用于施工的电线。

② 家庭中室内电线严禁使用裸线或绝缘包皮破损的电线。

③ 安装的电线必须用塑料或金属管作外套，以免受到人为损坏。对于铺设在吊顶、入墙等地方的电线，在管线内不能有电线接头。

④ 电线的截面积必须与家庭中各种家用电器用电总容量相配合。电线的截面积即是指电线圆形横截面的面积，单位为 $mm^2$。一般铜线的规格为 $1.5mm^2$、$2.5mm^2$、$4mm^2$ 和 $6mm^2$ 四种，如图 2-20 所示。电线的截面积过小，造成电线超负荷，容易过热而烧坏电线绝缘引起火灾。

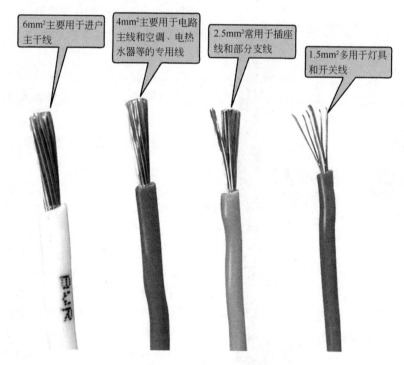

6mm²主要用于进户主干线

4mm²主要用于电路主线和空调、电热水器等的专用线

2.5mm²常用于插座线和部分支线

1.5mm²多用于灯具和开关线

图 2-20　电线的截面积

⑤ 禁止将电线直接装置在潮湿的水泥或石灰粉刷的墙壁上。室内明线穿过墙壁时，应套上瓷管、钢管或塑料管保护。电线转弯处应加瓷夹板，交叉处应有绝缘管。

⑥ 电线应离开炉火、暖气片等热源。

⑦ 电线电缆出现着火故障，应立即切断电源，然后选择不带电的灭火器灭火，如干粉灭火器、二氧化碳灭火器、1211 灭火器，切忌使用泡沫灭火器。

⑧ 注意在灭火过程中，要保持人和消防器材与带电体之间的安全距离。对架空电线进行灭火时，一般人与带电体之间的仰角不应超过 45°，且站在线路外侧灭火。

## （三）防雷安全常识

### 1. 供电系统浪涌的影响

从供电系统看，民用建筑的用电电压为 380/220V（低压系统），所采用的输电线路为 10kV 架空线路引入配电变压器，再从变压器低压侧经低压线路进入各民用建筑内。雷击对地闪电可能以如下两种途径作用在低压供电系统上。

① 直接雷击。雷电放电直接击中电力系统的部件，注入很大的脉冲电流。发生的概率相对较低。

② 间接雷击。雷电放电击中设备附近的大地，在电力线上感应中等程度的电流和电压。

为了预防雷雨天气使用家用电器遭受雷击，造成财产损失，很有必要在水电安装时选择安装浪涌保护器。

### 2. 浪涌保护器的作用及原理

在配电柜中，浪涌保护器（又称防雷器）是一种为各种电子设备、仪器仪表、通信线路提供安全防护的电子装置。图 2-21 所示是 2P 220V/40kA 浪涌保护器。

家用浪涌保护器安装示意图如图 2-22 所示。在正常情况下，浪涌保护器处于高阻燃状态；当电网或其他原因出现浪涌超高电压时，浪涌保护器将立即在纳秒级时间内迅速导通，将浪涌过电压引入大地，从而保护电网用电设备安全。浪涌保护器模块上设置有失效脱离装置，当浪涌保护器因过热击穿失效时，失效脱离器会自动地将其从电网上脱离，同时给出指示信号。浪涌保护器正常工作时指示窗口显示绿色，脱离失效后则显示红色（可根据显示判断浪涌保护器是否正常）。

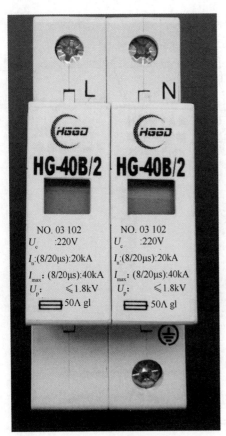

图 2-21　浪涌保护器

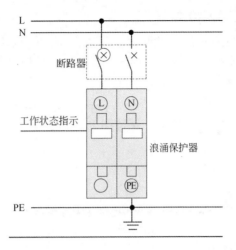

图 2-22　家用浪涌保护器安装示意图

## （四）防漏及应急处理方法

### 1. 室内给水管道防漏措施

室内给水管道漏水现象，一般是管道连接处或管道与设备（卫生器具）连接处滴水渗漏。明装管道渗漏滴水将影响环境，并会导致吊顶等装饰损害；暗埋管道渗漏会产生积水，导致面层装饰损害。造成室内给水管道漏水的常见原因有如下几个方面：

① 在管道安装过程中，管接口不牢，连接不紧密，以致连接处渗漏。

② 做管道水压试验不认真，没有认真检查管道安装质量。

③ 管道与器具给水阀门、水龙头、水表等连接不紧密，导致接口渗漏。

④ 管道安装完成后，成品保护不力，造成管道损坏。

防止给水管道出现漏水故障，需要水电安装时严格按照施工要求及规范操作，具体还应做到以下防治措施：

① 管道安装时应按设计选用管材与管件相匹配的合格产品，并采用与之相适应的管道连接方式，要求严格按照施工方案及相应的施工验收规范、工艺标准以及采取合理的安装步骤进行施工。

② 对于暗埋管道，为确保管道接口的严密性，应采取分段（户）试压方式，即对暗埋管道安装一段，试压一段，隐蔽一段。分段（户）试压必须达到规范验收要求，全部安装完毕再进行系统试压，同样必须满足验收规范。

③ 做好成品保护，与相关各工种配合协调。

④ 管道与器具（配件）连接时，应注意密封填料密实饱满，密封橡胶圈等衬垫要求配套、不变形；金属管道与非金属管道转换接头质量要过关，以确保接口严密、牢固。

### 2. 室内排水管道防漏措施

造成室内排水管道漏水的常见原因有两个方面：一是排水管无伸缩节或伸缩节间距偏大，二是排水横管坡度不合要求。预防这两种情况的措施如下。

（1）排水管无伸缩节或伸缩节间距偏大

因塑料管有热胀冷缩系数较大的特点，温度变化大时，不按规范设置伸缩节将出现管道变形、接口脱漏等现象。应按图 2-23 所示在排水管安装伸缩节，并做好如下防范措施施工：

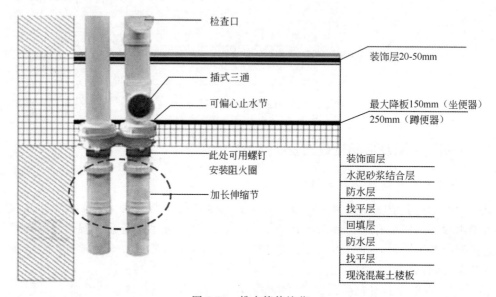

图 2-23 排水管伸缩节

① 根据管道伸缩量严格规范设置伸缩节。

② 伸缩节设置位置应靠近水流汇合管件，并符合下列规定。

a. 立管穿越楼层处为固定支承且排水支管在楼板之下接入时，伸缩节应设置于水流汇合管件之下。

b. 立管穿越楼层处为固定支承且排水支管在楼板之上接入时，伸缩节应设置于水流汇合管件之上。

c. 立管穿越楼层处为不固定支承时，伸缩节应设置于水流汇合管件之上或之下。

d. 立管上无排水支管接入时，伸缩节设计间距置于楼层任何部位。

e. 横管上设置伸缩节应设于水流汇合管件上游端。

f. 立管穿越楼层处为固定支承时，伸缩节不得固定；伸缩节固定支承时，立管穿越楼层处不得固定。

g. 伸缩节插口应顺水流方向。

h. 埋地或埋设于墙体、混凝土柱体内的管道不应设置伸缩节。

（2）排水横管坡度不合要求

排水横管无坡度、倒坡或坡度偏小将造成排水不顺畅甚至堵塞。图 2-24 所示是卫生间排污管横管坡度设计。

图 2-24　卫生间排污管横管坡度设计

为防止室内排水管发生漏水现象，施工应按照《建筑给水排水及采暖工程施工质量验收规范》，生活污水管道的坡度必须符合表 2-2 所示的要求。

表 2-2　生活污水管坡度设计要求

| 管径（mm） | | 标准坡度（°） | | 最小坡度（°） | |
| --- | --- | --- | --- | --- | --- |
| 铸铁管 | 塑料管 | 铸铁管 | 塑料管 | 铸铁管 | 塑料管 |
| 50 | 50 | 35 | 25 | 25 | 12 |
| 75 | 75 | 25 | 15 | 15 | 8 |
| 100 | 100 | 20 | 12 | 12 | 6 |
| 125 | 125 | 15 | 10 | 10 | 5 |
| 200 | 160 | 8 | 7 | 5 | 4 |

### 3. 高空坠落应急处理方法

由于建筑施工现场高处作业多的特点，故发生高处坠落事故概率较多。这就要求水电施工人员在高处作业时，应按安全操作要求施工。在脚手架作业时，应先检查跳板两端绑扎是否牢固，有无探头板，跳板宽度是否合乎要求，并且配备合格的安全带、安全帽。当发生坠落事故时，应对伤者实施急救，具体方法如下：

① 首先观察坠落伤员是否清醒，能否自主活动。若能站起来或移动身体，则要其躺下来用担架抬送或用车送往医院，因为某些内脏伤害在当时可能感觉不明显。

② 若伤员已不能动，或不清醒，切不可乱抬，更不能背起来送医院（这样极容易拉拖伤者脊椎，造成永久性伤害）而应及时拨打120急救。

③ 去除伤员身上的用具和口袋中的硬物，让其平仰卧位，保持呼吸道畅通，解开衣领扣。

④ 在搬运和转送过程中，不能使伤者的颈部和躯干前屈或扭转，而应使脊柱伸直。绝对禁止一个抬肩一个抬腿的搬法，以免发生或加重截瘫。

⑤ 应首先找一块能使伤者平躺的木板，然后在伤者一侧将小臂伸入伤员身下，并有人分别拖住伤员头、肩、腰、胯、腿等部位，同时用力将伤者平稳托起并平稳放在木板上，抬着木板送往医院救治。

⑥ 由于高处坠落极易导致实质脏器的破裂引发胸腹腔的内出血，所以在救护时不能忽视那些没有明显外出血沉默不语的伤员，注意观察伤员的心跳、呼吸及神志有无改变，发现不妙应及时拨打120或送医院救治。

**4. 触电应急处理方法**

触电者脱离电源后，应立即就近移至干燥通风的场所，再根据情况迅速进行现场救护，同时应通知医务人员到现场，并做好送往医院的准备工作。现场救护方法有人工呼吸法和胸外心脏按压法。

（1）人工呼吸法

人工呼吸法又称口吹法，具体操作方法及注意事项如下：

① 将触电者脱离电源后，迅速清理掉他嘴里的东西，解开他的领口和衣服，使头部尽量后仰，让鼻孔朝天，如图2-25所示。这样，舌头根部就不会阻塞气道。

② 救护人员在触电者头部的左边或右边，用一只手捏紧触电者的鼻孔，另一只手的拇指和食指掰开触电者嘴巴，如图2-26所示。如果掰不开触电者嘴巴，可用口对鼻的人工呼吸法，捏紧触电者嘴巴紧贴鼻孔吹气。

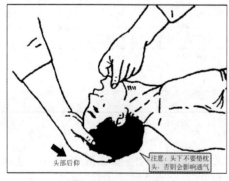

图2-25 头部后仰

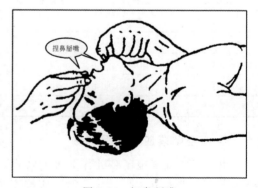

图2-26 捏鼻掰嘴

③ 救护人员深吸气后，掰开触电者的嘴巴，嘴对嘴紧贴吹气（见图2-27），也可隔一层布吹气。吹气时要使触电者的胸部膨胀，每5s吹一次，吹2s放松3s。如果触电者是小孩，由于肺小，因此只能小口吹气。

④ 救护人员换气时，放松触电者的嘴和鼻，让他自动呼气，如图 2-28 所示。

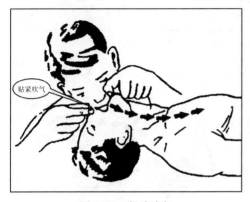

图 2-27　紧贴吹气

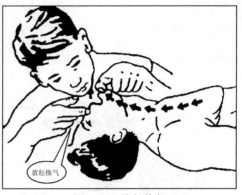

图 2-28　放松换气

（2）胸外心脏按压法

胸外心脏按压法的操作步骤如下：

① 先将触电者衣服解开，让他仰卧在地上或硬板上，找到正确的挤压点，如图 2-29 所示。注意：不可让触电者躺在软的地方。

② 救护人员跨跪在触电者腰部（如果触电者是儿童，则用一只手），将手掌根部放在触电者心口窝稍高一点的地方，掌根放在胸骨下 1/3 的部位，叠手姿势如图 2-30所示。

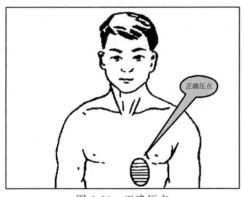

图 2-29　正确压点

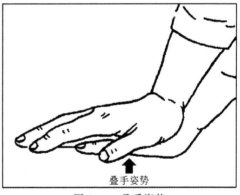

图 2-30　叠手姿势

③ 救护人员将掌根用力向脊背的方向挤压，压出触电者心脏里面的血液，如图 2-31 所示。成人压陷到 3～5cm，每秒钟挤压一次，太快了效果不好。如果触电者为儿童，则用力要轻一些，而对成人太轻则不好。

④ 救护人员按上述方法挤压后，掌根很快全部放松，让触电者胸廓自动复原，血液又充满心脏，如图 2-32 所示。

施行上述两种急救方法时，如果救护人员只有一人，又需同时采用两种方法，可以轮番进行，做胸外心脏按压 15 次以后，吹气 2 次（15：2）。如果救护人员为两人（双人抢救），每做胸外心脏按压 5 后轮换另一个吹气 1 次（5∶1），反复轮换施行。

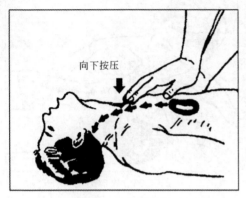

向下按压

图 2-31　向下按压

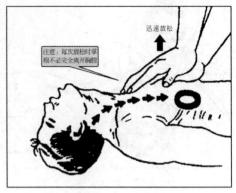

迅速放松

注意：每次放松时掌根不必完全离开胸腔

图 2-32　迅速放松

# 工 具 准 备

## 一、家装水电工通用工具的选用

### （一）万用表的选用

万用表是一种多用途的电工仪表，分为指针式万用表和数字式万用表两种，如图 2-33 所示。对于初学水电安装人员，建议购买一只 FM-47 型指针式万用表就能满足一般日常工作的需要。

万用表一般可以测量交直流电压、直流电流和电阻，有的万用表还可以测电感、电容、交流电流等。下面以 FM-47 型指针式万用表为例，介绍万用表的使用方法及注意事项。

在使用前应检查指针是否指在机械零位上，如不在零位，可旋转表盖上的调零器使指针指示在万用表的零位上。然后将红黑表笔分别插入"＋"、"－"插孔中，如测量交直流 2500V/10A，红表笔则应分别插到标有"2500V"或"10A"的插座中。

#### 1. 直流电流测量

测量直流 0.05～500mA 时，将转动开关置于所需电流挡。测量直流 10A 时，应将红表笔插入 10A 插孔内，转动开关可放在 500mA 直流电流量限上，而后将表笔串接于被测电路中。

#### 2. 交直流电压测量

测量交流 10～1000V 或直流 0.25～1000V 时，将转动开关置于所需电压挡。测量交直流 2500V 时，转换开关应分别旋转至交直流 1000V 位置上，而后将表笔跨接于被测电路两端。若配以高压探头，可测量电视机 ≤25kV 的高压。测量时，转换开关应放在 $50\mu A$ 挡位上，高压探头的红黑插头分别插入"＋"、"－"插座中，接地夹与电视机金属底板连接，而后握住探头进行测量。测量交流 10V 电压时，读数时应看交流 10V 专用刻度（红色）。

#### 3. 直流电阻测量

装上电池（R14 型 2 号 1.5V 及 6F22 型 9V 各一只），转动开关置于所需测量

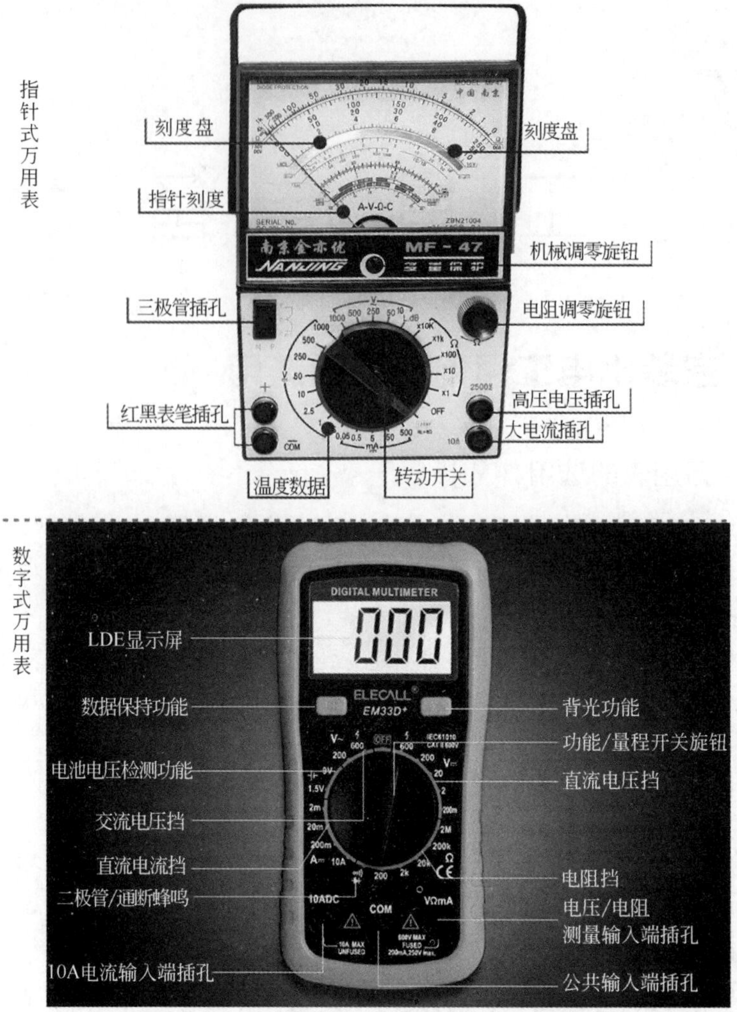

图 2-33　指针式万用表和数字式万用表

的电阻挡，将表笔两端短接，调整欧姆旋钮，使指针对准欧姆"0"位上，然后分开表笔进行测量。测量电路中的电阻时，应先切断电源，如电路中有电容应先行放电。当检查有极性电解电容漏电电阻时，可转动开关至 R×1k 挡，红表笔必须接电容器负极，黑表笔接电容正极。注意：当 R×1 挡不能调至零位或蜂鸣器不能正常工作时，应更换 2 号（1.5V）电池。当 R×10k 挡位不能调至零位时，或者红外线检测时发光管亮度不足，应更换 6F22（9V）层叠电池。

### 4. 通路蜂鸣器检测

首先同电阻挡一样将仪器调零，此时蜂鸣器工作发出约 1kHz 长鸣叫声，此时不必观察表盘即可了解电路的通断情况。音量与被测线路电阻成反比例关系，此时表盘表示值为 1～3Ω（参考值）。

### 5. 红外遥控器发射信号检测

该挡是为判断红外线遥控发射器工作是否正常而设置的。旋转至该挡时，将红外线发射器的发射头垂直对准表盘左下方接收窗口（偏差不大于±15°），按下需检测功能按钮。如红色发光管闪亮，表示该发射器工作正常。在一定距离内（1～30cm）移动发射器，还可以判断发射器输出功率状态。使用该挡时应当注意以下几点：

① 发射头必须垂直于接收窗口±15°内检测。

② 当有强烈光线直射接收窗口时，红色指示灯会点亮，并随入射光线强度不同而变化（此时可作光超度计参考使用。）所以检测红外遥控器时应将万用表表盘面避开直射阳光。

### 6. 音频电平测量

在一定负荷阻抗上，用来测量放大器的增益和线路输送的损耗，测量单位以dB表示。音频电平以交流10V为基准刻度，如指示值大于+22dB，可在50V挡位以上的量程上测量，按万用表上对应的各量限的增加值进行修正。音频电平测量方法与交流电压测量方法基本相似，将转动开关置于相应的交流电压挡，并使指针有较大的偏转。如被测电流中带有直流电压成分，可在"＋"插座中串接一个0.1μF的隔直流电容器。

### 7. 电容测量

首先将转换开关旋转至被测电容的容量范围的挡位上（见表2-3），用0Ω调零电位器校准调零。被测电容接在红黑表笔两端，指针摆动的最大指示值即为该电容电量。随后指针将逐步退回，指针停止位置即为该电容的品质因数（损耗电阻）值。

表 2-3 电容容量测量范围

| 电容挡位 C(μF) | C×0.1 | C×1 | C×100 | C×1k | C×10k |
| --- | --- | --- | --- | --- | --- |
| 测量范围(μF) | 1000～1 | 0.01～10 | 1～100 | 10～1000 | 100～100000 |

电容测量时应注意以下事项：

① 每次测量后应将电容彻底放电后再进行测量，否则测量误差将增大。

② 有极性电容应按正确极性接入，否则测量误差及损耗电阻将增大。

### 8. 三极管放大倍数测量

将转动开关置于R×10hFE处，同电阻挡方法调零后将NPN或PNP型三极管对应插入三极管N或P孔内，指针指示值即为该管直流放大倍数。如指针偏转指示大于1000则说明三极管损坏，应检查是否插错了引脚。

### 9. 电池电量测量

使用BATT刻度线，该挡位可供测量1.2～3.6V的各类电池（不包括纽扣电池）电量用，负载电阻 $R_L$ 为 8～12Ω。测量时将电池按正确极性搭在红黑表笔上，观察表盘上 BATT 对应刻度，分别为 1.2V、1.5V、2V、3V、3.6V 刻度。绿色区域表示电池电力充足，"红绿"区域表示电池尚能使用，红色区域表示电池电力不足。测量纽扣电池及小容量电池时，可用直流 2.5V 电压挡（$R_L = 50$kΩ）进行测量。

### 10. 负载电压 LV（V）（稳压）、负载电流 LI（mA）参数测量

该挡主要测量在不同电流下非线性器件电压降性能参数和反向电压降（稳压）的性能参数。如发光二极管、整流二极管、稳压二极管及三极管等在不同电流下的曲线，或稳压二极管性能。测量方法同电阻挡。其中 0～1.5V 刻度供 R×1～R×1k 用，0～10.5V 供 R×10k 挡用（可测量 10V 以内稳压管）。各挡测量幅度如表 2-4 所示。

表 2-4 负载电压 LV、负载电流 LI 各挡测量幅度

| 开关位置(Ω)挡 | R×1 | R×10 | R×100 | R×1k | R×10k | R×100k |
|---|---|---|---|---|---|---|
| 满度电流 LI | 100mA | 10mA | 1mA | 100μA | 70μA | 7μA |
| 测量范围 LV | 0～1.5V | | | | 0～10.5V | |

### 11. 标准电阻箱应用（Ω）

在一些特殊情况下，可利用本仪表直流电压挡或电流挡作为标准电阻使用。当该表转换开关位于直流电压挡时，如 1V 挡相当于 20kΩ 标准电阻（1.0×20kΩ＝20kΩ），其余各挡以此类推。当该表转换开关位于直流电流挡时，如 5mA 挡相当于 50Ω 标准电阻（0.25V÷0.005A＝50Ω），其余各挡可根据技术规范类推（注意：使用该项功能时，应避免表头过载而出现故障）。

### 12.220V～火线判别（测电笔功能）

将仪表旋转至 220V～火线判别挡位，首先将红黑表笔插入 220V～插孔内，此时红色指示灯应发亮，将其中任一个表笔拔出后红色指示灯继续点亮的一段即为火线段。使用此挡时如果发光管亮度不足应及时更换 9V 层叠电池以免发生误判断。

需要注意的是，使用万用表测量未知的电压或电流时，应选择最高量程，待第一次读取数值后可逐渐转至适当位置以取得校准读数并避免烧坏电路。为了避免烧坏开关，应在切断电源情况下变换量限。另外，使用万用表测量高压时，要站在干燥绝缘板上，并一手操作，防止意外事故发生。

### （二）电烙铁的选用

电烙铁主要用途是焊接元件及导线。电烙铁焊接导线时，必须使用焊料和焊剂。焊料一般为丝状焊锡或纯锡，常见的焊剂有松香、焊膏等，如图 2-34 所示。

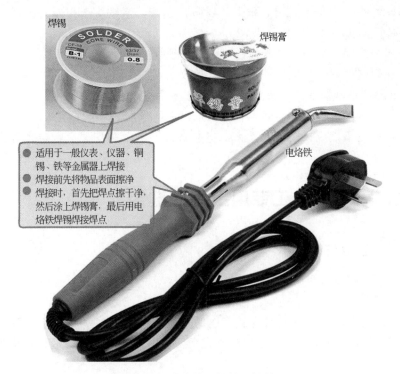

焊锡

SOLDER
CORE WIRE

焊锡膏

- 适用于一般仪表、仪器、铜锡、铁等金属器上焊接
- 焊接前先将物品表面擦净
- 焊接时，首先把焊点擦干净，然后涂上焊锡膏，最后用电烙铁焊锡焊接焊点

电烙铁

图 2-34　电烙铁、焊料和焊剂

电烙铁一般分为内热式电烙铁和外热式电烙铁两种类型。使用时应根据所焊接器件类型选择不同功率的电烙铁，具体选用方法如下：

① 焊接集成电路、三极管及其他受热易损元器件时应选用 20W 内热式电烙铁或 25W 外热式电烙铁。

② 焊接导线、同轴电缆时应选用 45～75W 外热式电烙铁或 50W 内热式电烙铁。

③ 焊接较大的元器件时应选用 100W 以上的电烙铁。

使用电烙铁焊接的基本要求是：焊点必须牢固，锡液必须充分渗透，焊点表面光滑有泽。不合格的焊接主要表现为"虚焊"和"夹生焊"。产生"虚焊"的原因是焊件表面未清除干净或焊剂太少，使得焊锡不能充分流动，造成焊件表面挂锡太少，焊件之间未能充分固定；造成"夹生焊"的原因是电烙铁温度低或焊接时电烙铁停留时间太短，焊锡未能充分熔化。

电烙铁要用 220V 交流电源，使用时要特别注意安全。使用电烙铁应认真做到以下几点：

① 电烙铁使用前应检查使用电压是否与电烙铁标称电压相符。

② 电烙铁应该接地。

③ 使用前，应认真检查电源插头、电源线有无损坏，并检查烙铁头是否松动。

④ 电烙铁使用中不能用力敲击，要防止跌落。烙铁头上焊锡过多时，可用布擦掉。不可乱甩，以防烫伤他人。

⑤ 当焊头因氧化而不"吃锡"时，不可硬烧。

⑥ 在焊接过程中，电烙铁不能到处乱放。不使用时，电烙铁应放在烙铁架上。注意：电源线不可搭在烙铁头上，以防烫坏绝缘层而发生事故。

⑦ 焊接较小元件时，时间不宜过长，以免因热损坏元件或绝缘。

⑧ 焊接完毕，应拔去电源插头，将电烙铁置于金属支架上，防止烫伤或火灾的发生。

# 二、家装水电工专用工具的选用

## （一）手电钻的选用

手电钻的作用是在工件上钻孔、拆装螺钉等。手电钻分为普通电钻和锂电钻两种，主要由电动机、钻夹头、钻头、手柄等组成，如图 2-35 所示。

初学水电安装人员应根据自己工作的环境选购手电钻，一般情况下购买一只普通 220V 手电钻就够用了。如果经常在无工作电源的情况下，最好是购买一只锂电钻。

手电钻的功能很多，通过安装不同的钻头，可以在不同材质的工作钻孔。各类钻头使用方法和技巧如表 2-5 所示。

**表 2-5　各类钻头使用方法和技巧**

| 钻头名称 | 主要用途 | 使用方法和技巧 |
| --- | --- | --- |
| 螺丝批头 | 用于拆装螺钉 | 把电钻速度调至最低，这样可以防止拧坏螺钉，延长螺钉及批头的使用寿命（注意：螺钉拧到底后应及时松开，切莫强拧） |
| 木头开孔器 | 用于给木质材料开孔 | 安装电钻上使用，务必夹紧，速度由慢到快 |
| 玻璃开孔器（玻璃钻头） | 用于玻璃及瓷砖开孔 | 使用平钻模式用低速匀速进行开孔，需加水冷却。在开始的时候先斜着 45°角先开个槽，再慢慢垂直，不然孔的位置难以定位 |
| 麻花钻头 | 用于钻木头、钻铁和塑料（不能用于钻墙） | 务必把钻头安装牢固，用力夹紧，以免打滑。注意安装端正，否则会因同心度不好造成钻头损坏。使用时注意控制转速由慢到快 |
| 冲击钻头 | 用于钻墙、钻石头、钻水泥、钻砖头等 | 钻头带有钨钢合金头，安装在电钻使用，具有冲击功能。注意钻头易发热，需要加水冷却 |

注意不要在易燃液体、气体和粉尘的环境下操作手电钻，电动工具产生的火花会点燃粉尘或气体，造成事故。

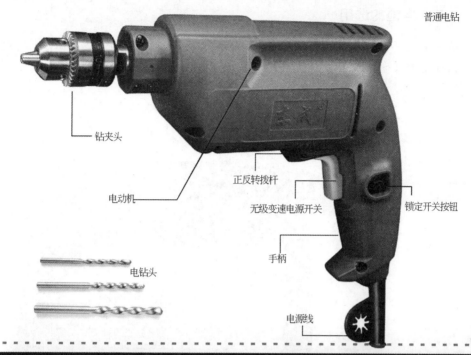

普通电钻

钻夹头

电动机

正反转拨杆

无级变速电源开关

锁定开关按钮

手柄

电钻头

电源线

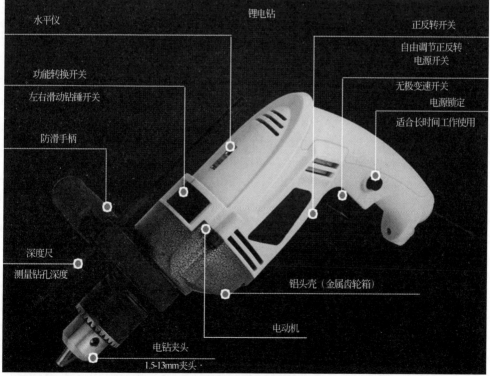

水平仪

锂电钻

正反转开关

自由调节正反转
电源开关

功能转换开关

左右滑动钻锤开关

无极变速开关

电源锁定

适合长时间工作使用

防滑手柄

深度尺

测量钻孔深度

铝头壳（金属齿轮箱）

电动机

电钻夹头
1.5-13mm夹头

图 2-35 两种电钻实物

### （二）电锤的选用

电锤也是家装水电工经常使用的电动工具，其外形结构如图 2-36 所示。它比冲击钻冲击力大，主要用于安装电气设备时在建筑混凝土柱板上钻孔，敷设管道时穿墙钻孔等。

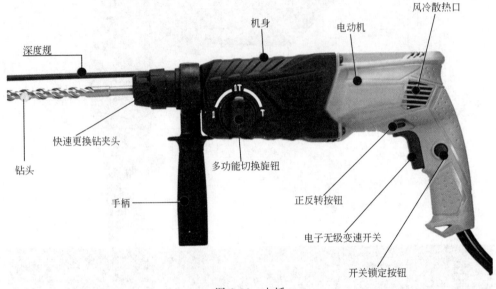

深度规

机身　电动机　风冷散热口

快速更换钻夹头

钻头

多功能切换旋钮

手柄

正反转按钮

电子无级变速开关

开关锁定按钮

图 2-36　电锤

建议家装水电工选购博世或东成品牌电锤（价格约为 700 元或 400 元），尖凿、扁凿、冲击钻头等常规尺寸配件以及易损件电刷应一同配齐。

电锤的使用方法及注意事项如下：

① 使用前检查电锤电源线有无损伤，然后用 500V 绝缘电阻表对电锤电源线进行摇测，测得电锤绝缘电阻超过 0.5MΩ 时方能通电运行。

② 使用电锤前，应先通电空转 1min，检查转动部分是否灵活，有无异常杂音，换向器火花是否正常，等检查电锤无故障时方能使用。

③ 钻凿墙壁、天花板、地板时，应先确认有无埋设电缆或管道等。

④ 工作时应先将钻头顶在工作面上，然后再启动开关。钻头应与工作面垂直并经常拔出外头排屑，防止钻头扭断或崩头。钻孔时不宜用力过猛，转速异常降低时应减小压力。电锤因故突然停转或卡钻时，应立即关断电源，检查出原因后方能再启动电锤。

⑤ 电锤如果因连续工作时间过长而发烫，要停止电锤工作，让其自然冷却，切勿用水淋浇。在使用过程中，如果发现声音异常，应立即停止钻孔，检查出原因或冷却一段时间后方可继续施工。

⑥ 电锤使用一定时间后会有灰尘、杂物进入冲击活塞，导致卡塞。这时应拆

下机械部分，清洗各零部件，并加新的润滑脂。

### （三）水电开槽机的选用

水电开槽机如图 2-37 所示，可用于实心红砖墙、空心砖墙、轻质砖墙及细沙水泥覆盖砖墙等墙面的水管、电线管等的管槽开设。

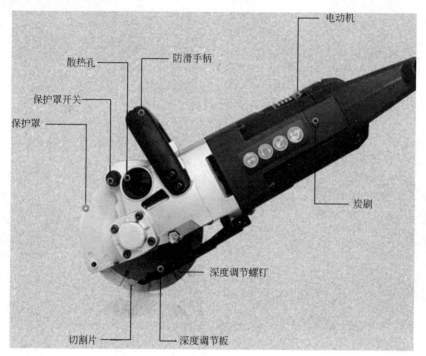

散热孔　防滑手柄　电动机

保护罩开关

保护罩

炭刷

深度调节螺钉

切割片　深度调节板

图 2-37　水电开槽机

水电开槽机是传统切割机开槽的替代品，开槽效率是普通开槽方式效率的十倍。普通开槽方式是采用云石机加电镐，费时又费力，要先用云石机切两条线，再用电镐凿出线槽来；而采用本开槽机只需开动机器，一次成型，操作简单省力，效率显著提高，能从根本上降低施工成本。水电开槽机能根据水电安装等施工的需要，快速开出不同角度、曲度、深度的直线和曲线形的线槽，线槽快速，槽型美观、实用。

水电开槽机的品牌很多，例如易剑、东成、博世等品牌。建议家装水电工选购一款轻量化设计的机器，以方便携带。

水电开槽机的使用方法及注意事项如下：

① 首先接通电源，如图 2-38 所示。

② 开槽时，必须使机器的工作面紧贴墙面（地面、路面）等需要开槽表面，如图 2-39 所示。

③ 可以增减锯片的方式来加大或减小开槽的宽度，如图 2-40 所示。

使用时先按下安全锁

推动开关启动机器

图 2-38　接通电源

开横槽时，以左手控制开关，右手向前推动机器进行开槽

开竖槽时，以右手控制开关，左手向下推动机器进行开槽

图 2-39　开槽施工示意图

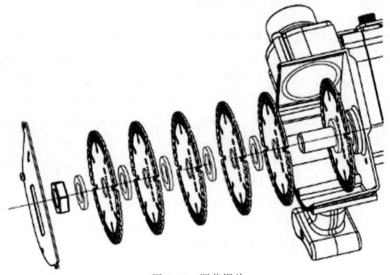

图 2-40　调节锯片

④ 工作时必须用双手握紧电动工具，并要确保立足稳固。

⑤ 待电动工具完全静止后才能放下机器。

⑥ 换装零、配件前，务必先切断电源。

### （四）手动试压泵的选用

手动试压泵如图 2-41 所示，适用于水或者液压油作介质，对各种压力容器、管道、阀门等进行压力试验；此外，家装水电工用来给管道加压，测试管道的密封性能。

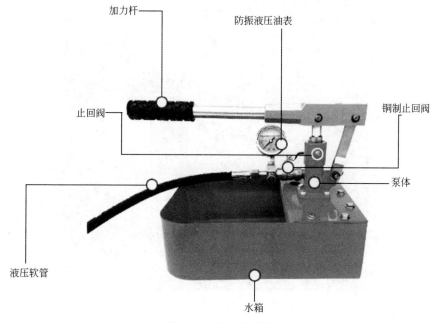

图 2-41　手动试压泵

手动试压泵的使用方法及注意事项如下：

① 安装机器时，用 4 个螺钉将泵体固定在水箱上。

② 安装出水软管时，将出水软管一端接在泵体上，另一端接在被测管道上，如图 2-42 所示。注意：软管连接时一定要缠上生料带。

③ 将被测管道注满水，并将空气排出后，关闭泄压阀。

④ 将水箱注满清水，然后将加力杆上下摇动，开始试压加压。

⑤ 当压力表的读数上升到需要的压力时，则可以停止加压（正常自来水水压为 0.3MPa，高层住宅为 0.4MPa，水管试压一般增压到 0.8～1MPa。注意：自来水 0.1MPa 为 1kgf 压力）。

⑥ 停止回压后，如果压力表上所示压力不下降，则可表明该管道耐压性能是好的；反之，则表明被测管道密封性能不良，有泄漏引起压力下降。

打压完成后看液压指针
是否下降，如果下降，
说明存在漏点，应进行
检查

图 2-42　测试自来水管道密封性能

# 三、家装水电工工具包的选用

## （一）热熔器的选用

热熔器又称熔接焊接机，是一种手持式电热工具，广泛应用于 PP-R、PE 等各种塑料管材、管件的热熔连接，是水电工必备工具包。热熔器整套工具一般包括热熔器机身、模头、U 形支架和 PPR 剪刀等，如图 2-43 所示。

热熔器的使用方法及注意事项如下：

① 先将热熔器支脚插入专用支架固定槽内，并固定牢靠（在使用时操作者可用双脚踩住支撑板）。

② 根据施工需要，将相应规格的焊头模具用附带备件 M6×50 内六角螺栓安装在热熔器加热板上。冷态安装时螺栓不能拧太紧，否则在工作状态拆卸时易将

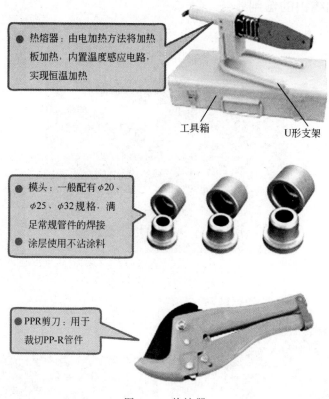

● 热熔器：由电加热方法将加热板加热，内置温度感应电路，实现恒温加热

工具箱　　　　　U形支架

● 模头：一般配有φ20、φ25、φ32规格，满足常规管件的焊接
● 涂层使用不沾涂料

● PPR剪刀：用于裁切PP-R管件

图 2-43　热熔器

焊头（凸）螺纹损坏。

③ 接通电源加热指示灯（红色）亮，待红色指示灯灭即可开始工作（启动过程一般小于3min）。

④ 将待加温施工的管子、管件同时推进到焊头内，并加热数秒钟，迅速拔出。把已加热的管子和管件配合垂直推进（推进时用力不宜过猛，以防管头弯曲），冷却数分钟即可。

⑤ 在工作状态更换焊头时，要注意安全。

⑥ 操作过程中用力均匀，不允许热熔过程中旋转管材、管件。

⑦ 使用过程中避免各种液体直接进入主机内部造成漏电情况发生。

⑧ 使用强制冷却会造成主机电器部分损坏和熔接模型套的变形，应待其自然冷却。

⑨ 操作过程中操作者必须戴手套，防止烫伤。

⑩ 定期检测绝缘性能，当基本绝缘出现破坏时立刻停止工作。

⑪ 拆下焊头应妥善保管，不能损坏焊头表面涂层，否则容易引起塑料黏结，影响施工质量，缩短焊头寿命。

### （二）剥线钳的选用

剥线钳是专用于剥削较细小导线绝缘层的工具，如图 2-44 所示。它的手柄是绝缘的，耐压为 500V，但剥线钳不能用于带电作业。

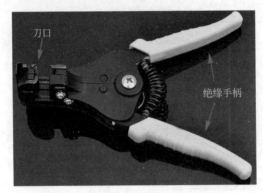

图 2-44　剥线钳

剥线钳的使用方法如图 2-45 所示。

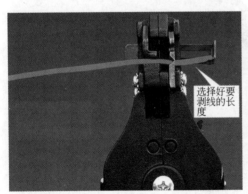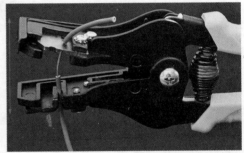

图 2-45　剥线钳的使用方法

剥线钳具体操作步骤如下：

① 根据缆线的粗细型号，选择相应的剥线刀口。

② 将准备好的电缆放在剥线钳的刀刃中间，选择好要剥线的长度。

③ 握住剥线钳手柄，将电缆夹住，缓缓用力使电缆外表皮慢慢剥落。

④ 松开剥线钳手柄，取出电缆线，这时电缆金属整齐露出外面，其余绝缘完好无损。

家装水电工应配置一把多功能剥线钳，可以剥制直径为 0.8～3.2mm 的导线。

### （三）低压验电笔的选用

低压验电笔是用来检测低压导体和电气设备外壳是否带电的常用工具，检测电压的范围通常为 60~500V。低压验电笔根据外形通常有普通接触式和多功能数显感应式两种，如图 2-46 所示。

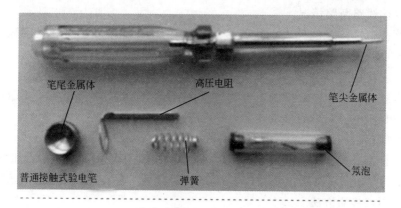

多功能数显感应式验电笔

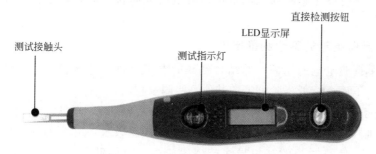

图 2-46　两种低压验电笔实物结构

低压验电笔结构小巧，"能力"却不可小视。低压验电笔可随身携带，是电工常用的辅助安全工具。建议初学水电工将普通接触式验电笔和多功能数显感应式验电笔都配齐。

### 1. 普通接触式验电笔使用方法

使用普通低压验电笔的操作方法非常简单，以中指和拇指持验电笔笔身，食指接触笔尾金属体或笔挂，操作时使氖管小窗背光朝向自己。当用低压验电笔测带电体时，电流经带电体、低压验电笔、人体、大地形成回路，只要被测带电体与大地之间的电位差超过 60V 时，低压验电笔中的氖泡就启辉发光。

### 2. 多功能数显感应式验电笔使用方法

多功能数显感应式验电笔笔体带 LED 显示屏，可以直观读取测试电压数字。下面以德力西 DHCHT8005 型多功能数显感应式低压验电笔为例，介绍该类验电笔的使用方法。

（1）按钮说明

德力西 DHCHT8005 型多功能数显感应式低压验电笔可测试 12V、24V、

36V、110V 及 220V 的电压，一般按验电笔上方的直接检测电极测试键可以用来测量电压，以最高显示为当时测试电压值；按下方的感应断点测试键，可以用来检测绝缘体线路断路情况。

用笔头直接接触线路时，按直接检测电极测试键。用笔头感应接触线路时，按感应断点测试键。

（2）直接检测方法

验电测试时按住直接检测电极测试键，将笔头直接接触带电体，LED 显示屏上将分段显示电压，最后显示数字为所测电路电压等级。

（3）间接检测方法

验电检测时按住感应断点测试键，将笔头靠近电源线，如果电源线带电，LED 显示屏上将显示高压符号。可用于隔着绝缘层分辨零/火线、确定电路断点位置。

（4）断点检测方法

验电测试时按住感应断点测试键，沿电线纵向移动时，显示窗内无显示处即为断点处。

### 3. 低压验电笔的其他测量技巧

只要掌握验电笔的原理，并结合熟知的电工原理，低压验电器灵活运用技巧还有很多。下面介绍低压验电笔的其他一些测量技巧。

① 判断感应电。低压验电笔测量较长的三相线路时，即使三相交流电源缺一相，也很难判断出哪根电源导线缺相（原因是线路较长，并行的线与线之间有线间电容存在，使得缺相的某根导线产生感应电，致使低压验电笔氖泡发亮）。此时，可在低压验电笔的氖泡上并接一只耐压大于 250V、容量为 1500pF 的小电容，这样在测带电线路时，低压验电笔可照常发光；如果测得的是感应电，低压验电笔就不亮或微亮，据此可判断出所测的电源是否为感应电。

② 判断交流电源同相或异相。具体方法是：站在一个与大地绝缘的物体上，双手各执一支验电笔，然后在待测的两根导线上进行测试，如果两支验电笔发光很亮，则说明这两根导线为异相；反之，则为同相，它是利用验电笔中氖泡两极间电压差值与其发光强弱成正比的原理来进行判别的。

③ 判别交流电和直流电。在用验电笔进行测试时，如果验电笔氖泡中的两个极都发光，就是交流电；如果两个极中只有一个极发光，则是直流电。

④ 判断直流电的正、负极。将验电笔接在直流电路中测试，氖泡发亮的那一极就是负极，不发亮的一极是正极。

⑤ 判断直流系统是否发生接地。在对地绝缘的直流系统中，可站在地上用验电笔接触直流系统中的正极或负极，如果验电笔氖泡不亮，则没有接地现象。如果氖泡发亮，则说明有接地现象，其发亮如在笔尖端，则说明为正极接地；如发亮在手指端，则说明为负极接地。但是必须指出的是，在带有接地监察继电器的直流系统中，不可采用此方法判断直流系统是否发生接地。

⑥ 判断物体是否产生静电。手持低压验电笔在某物体周围寻测，如氖管发亮，表明该物体上已带有静电。

⑦ 判断电气接触是否良好。若氖管光源闪烁，表明为某线头松动、接触不良或电压不稳定。

⑧ 判断火线碰壳。用低压验电笔触及电动机、变压器等电气设备外壳，若氖管发亮，说明该设备火线有碰壳现象。

#### 4. 低压验电笔使用注意事项

① 使用验电笔之前，首先要检查验电笔的适用电压是否高于欲测试的带电体的电压，验电笔里有无安全电阻；然后直观检查验电笔是否有损坏，有无受潮或进水，是否有破裂，检查合格后才能使用。

② 使用验电笔时，绝不能用手触及验电笔前端的金属探头，否则会造成人身触电事故。

③ 使用验电笔时，一定要用手触及验电笔尾端的金属部分。否则，因带电体、验电笔、人体与大地没有形成回路，验电笔中的氖泡不会发光。这会造成误判，以为带电体不带电，这是十分危险的。

④ 在测量电气设备是否带电之前，先要找一个已知电源试测，检查验电笔的氖泡是否正常发光。氖泡能正常发光，才能使用。

⑤ 在明亮的光线下测试带电体时，应特别注意氖泡是否真的发光（或不发光），必要时可用另一只手遮挡光线仔细判别。千万不要造成误判，将氖泡发光判为不发光，将有电误判为无电。

⑥ 使用数显感应式低压验电笔时，按键不需用力按压。

⑦ 使用数显感应式低压验电笔测试时，不能同时接触两个测试键，否则会影响灵敏度和测试结果。

⑧ 使用数显感应式低压验电笔的带感应电功能测试时，必须接地或接零。

⑨ 使用数显感应式低压验电笔不可测量 380V 电压，更不能当螺丝刀使用。

### （四）螺丝刀的选用

螺丝刀是一种紧固或拆卸螺钉的专用工具。根据螺钉的不同，螺丝刀有不同规格和形式，通常有一字形螺丝刀、十字形螺丝刀、六角形螺丝刀等，如图 2-47 所示。建议家装水电工最好多选购几把不同规格和形式的螺丝刀，以备日常维修和拆装螺钉的需要。

水电安装工一般使用短螺丝刀，用来松紧电气装置接线桩上的小螺钉。螺丝刀使用时，可用大拇指和中指夹住握柄，用手掌顶住握柄的末端捻旋，如图 2-48 所示。在操作时，要注意避免触及螺丝刀的金属杆，通常在金属杆上加装一段绝缘套管，以避免触电或引起短路。注意：电工不能使用空心旋凿，以免发生触电事故。

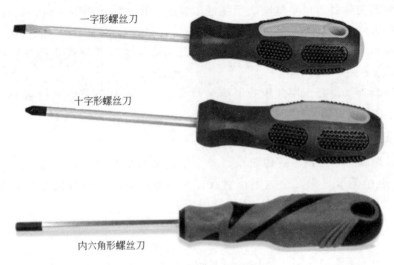

一字形螺丝刀

十字形螺丝刀

内六角形螺丝刀

图 2-47　螺丝刀

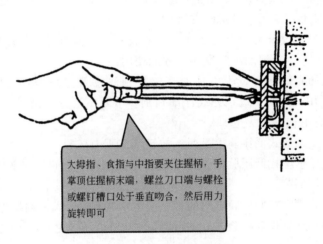

大拇指、食指与中指要夹住握柄，手掌顶住握柄末端，螺丝刀口端与螺栓或螺钉槽口处于垂直吻合，然后用力旋转即可

图 2-48　螺丝刀的使用方法

## （五）钳子的选用

　　钳子的种类很多，家装水电工常用的有钢丝钳、尖嘴钳两种，如图 2-49 所示。

　　钢丝钳又称平口钳，是用来加持和剪切金属导线等电工器材的工具。在带电剪切导线时，不得用刀口同时剪切不同电位的两根线以免发生短路事故。另外，钢丝钳不能作为敲打工具使用。

　　钢丝钳的规格有 150mm、175mm 和 200mm 等几种，在使用时通常选用 175mm 或 200mm 带绝缘柄的钢丝钳。尖嘴钳的规格有 160mm、180mm 和 200mm 等几种，家装水电工应选用带绝缘柄的尖嘴钳。

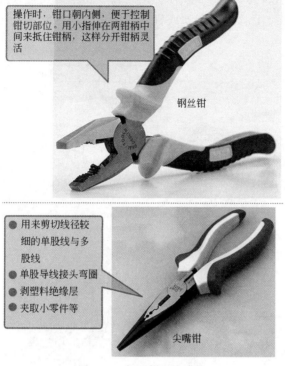

操作时，钳口朝内侧，便于控制钳切部位。用小指伸在两钳柄中间来抵住钳柄，这样分开钳柄灵活

钢丝钳

● 用来剪切线径较细的单股线与多股线
● 单股导线接头弯圈
● 剥塑料绝缘层
● 夹取小零件等

尖嘴钳

图 2-49  钢丝钳和尖嘴钳

## （六）活络扳手的选用

活络扳手是用来旋紧或拧松四方头或六方头螺母的工具，其结构如图 2-50 所示。水电工常用的活络扳手有 200mm、250mm、300mm 三种规格，在使用时要根据螺母大小进行选择。

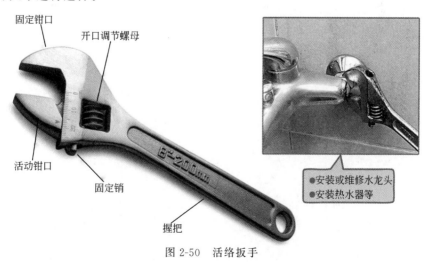

固定钳口

开口调节螺母

活动钳口

固定销

握把

●安装或维修水龙头
●安装热水器等

图 2-50  活络扳手

　　活络扳手使用技巧如图 2-51 所示。活络扳手切不可反过来使用。在扳动生锈的螺母时，可在螺母上滴几滴煤油或机油，这样就好拧动了。注意：不得把活络扳手当锤子使用。

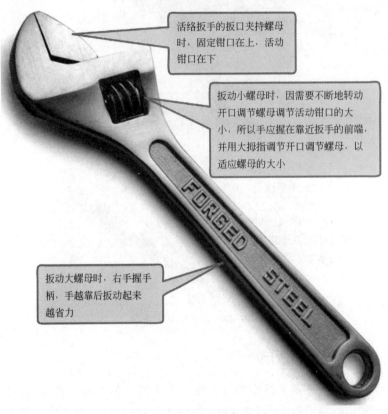

活络扳手的扳口夹持螺母时，固定钳口在上，活动钳口在下

扳动小螺母时，因需要不断地转动开口调节螺母调节活动钳口的大小，所以手应握在靠近扳手的前端，并用大拇指调节开口调节螺母，以适应螺母的大小

扳动大螺母时，右手握手柄，手越靠后扳动起来越省力

图 2-51　活络扳手使用技巧

**课堂三**

# 配 件 检 测

## 一、水电安装配件用量选用

### （一）配电箱的选用

配电箱是家装强电用来分路及安装空气开关的箱子，主要用于对用电设备的控制、配电等，还用于保护线路，防止它短路、漏电或者超负荷工作等。配电箱的材质一般是金属的，前面的面板有塑料的也有金属的，面板上还有一个小掀盖便于打开（这个小掀盖有透明的和不透明的）。配电箱规格要根据里面的分路数量而定，小的有四五路，多的有十几路，如图 2-52 所示。

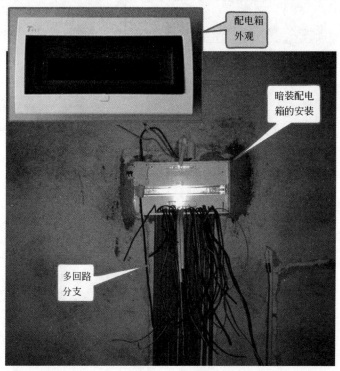

图 2-52　配电箱

按照配电箱的结构特征和用途可以分为四类：固定面板式开关柜、防护式开关柜、抽屉式开关柜、动力照明配电控制箱。选择配电箱之前，要先设计好电路分路，再根据空气开关的数量以及是单开还是双开，计算出配电箱的规格型号。一般占配电箱里的位置应该留有富裕，以便以后增加电路用。

## （二）开关的选用

家庭常用的开关主要有空气开关（又称空气断路器，简称空开）和漏电开关（又称漏电保护器，简称漏保），如图 2-53、图 2-54 所示。

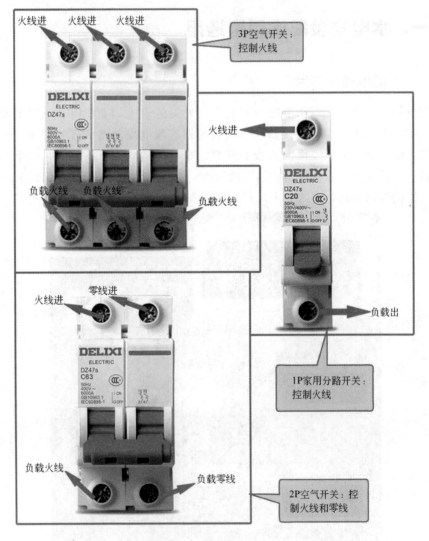

图 2-53　空气开关

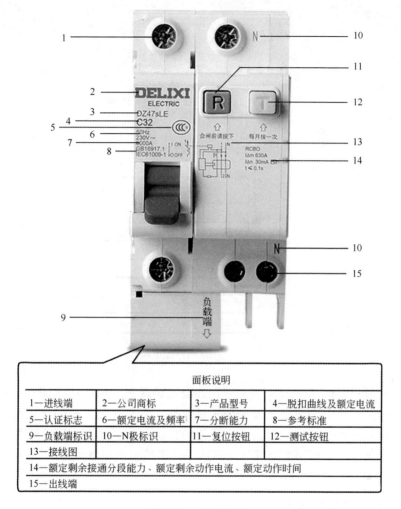

| 面板说明 | | | |
|---|---|---|---|
| 1—进线端 | 2—公司商标 | 3—产品型号 | 4—脱扣曲线及额定电流 |
| 5—认证标志 | 6—额定电流及频率 | 7—分断能力 | 8—参考标准 |
| 9—负载端标识 | 10—N极标识 | 11—复位按钮 | 12—测试按钮 |
| 13—接线图 | | | |
| 14—额定剩余接通分段能力、额定剩余动作电流、额定动作时间 | | | |
| 15—出线端 | | | |

图 2-54 漏电开关

　　空气开关是一种常用的低压保护电器，可实现短路、过载保护等功能。空气开关在家庭供电中作总电源保护开关或分支线保护开关用。当住宅线路或家用电器发生短路或过载时，空气开关能自动跳闸切断电源，从而有效地保护线路或设备免受损坏或防止事故扩大。漏电开关主要用来在设备发生漏电故障时以及对有致命危险的人身触电时的保护，具有过载和短路保护功能，亦可在正常情况下作为线路的不频繁转换启动之用。

　　用什么规格的配电箱和总功率没关系，而是和电路的回路数量有关系。空气开关和漏电开关的数量应根据房间电路回路来决定，买配电箱时只要告诉要多少回路的配电箱就可以了。图 2-55 所示为 20 回路配电箱。

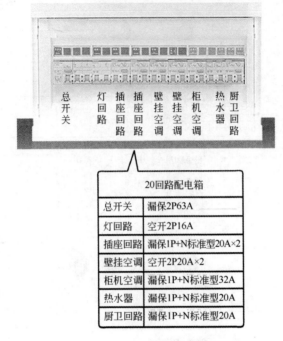

图 2-55  20 回路配电箱

家庭一般用二极（即 2P）空气开关作总电源保护，用单极（1P）空气开关作分支保护。空气开关的额定电流如果选择偏小，则空气开关易频繁跳闸，引起不必要的停电；如选择过大，则达不到预期的保护效果。因此，正确选择空气开关额定电流很重要。一般小型空气开关规格主要以额定电流区分为 6A、10A、16A、20A、25A、32A、40A、50A、63A 等。

### （三）弱电箱的选用

弱电箱又称多媒体信息箱，是专门用于家庭弱电系统的布线箱。弱电箱能对家庭的宽带、电话线、音频线、同轴电缆、安防网络等线路进行合理有效的布置，实现人们对家中的电话、传真、电脑、音响、电视机、影碟机、安防监控设备及其他网络信息家电的集中管理，共享资源，是解决提供家庭布线系统解决方案的产品。

弱电箱里的有源设备有宽带路由器、电话交换机、有线电视信号放大器等，如图 2-56 所示。

弱电箱的结构有模块化（有源设备是厂家特定的集成模块）及成品化（有源设备是采用现有厂家的成品设备）。在两种相比之下，成品化有源设备选购市面上成熟品牌，质量相对稳定可靠，技术也更先进，价格适中，便于日后更换与维修。

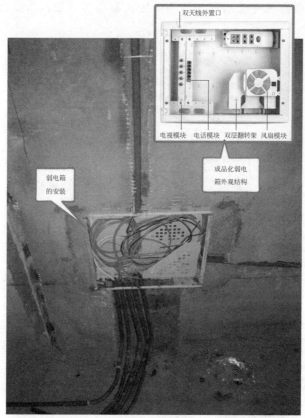

双天线外置口

电视模块　电话模块　双层翻转架　风扇模块

弱电箱
的安装

成品化弱电
箱外观结构

图 2-56　弱电箱

### （四）地漏的选用

地漏是地面与排水管道系统连接的排水器具。作为住宅中排水系统的重要部件，地漏排除的是地面水、水渍、固体物、纤维物、毛发、易沉积物等。地漏性能直接影响室内空气的质量，对卫浴间的异味控制非常重要。

目前市面的地漏材质主要有铸铁、PVC、锌合金、陶瓷、铸铝、不锈钢、黄铜、铜合金等。地漏按处所的功能不同，主要有新型水封地漏、偏心块式翻板地漏、弹簧式地漏、重力式地漏和硅胶式地漏等。上述地漏的排水性能及特点如图 2-57～图 2-61 所示。

地漏的选用要点如下：

① 排水通畅。不仅要下水快，还要防堵塞、防返水。特别是选择洗衣机地漏，更应考虑排水通畅问题，有的水封地漏在洗衣机排水时会发生溢水。

② 防臭功能好。防返味、防害虫也是地漏必备的基本功能。新型内置式水封地漏在这方面最为可靠。

③ 便于清理。因为地漏排除的是地面污水，常会卷入一些头发、污泥、沙粒等污物，容易缠挂沉淀在地漏内部不易清理，时间长了会堵塞管道影响排水，还

会产生异味。新型地漏便于清理，因为内置式地漏芯（如六防品牌地漏芯）能很方便地取出。

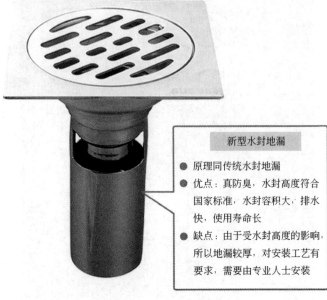

**新型水封地漏**

● 原理同传统水封地漏
● 优点：真防臭，水封高度符合国家标准，水封容积大，排水快，使用寿命长
● 缺点：由于受水封高度的影响，所以地漏较厚，对安装工艺有要求，需要由专业人士安装

图 2-57　新型水封地漏

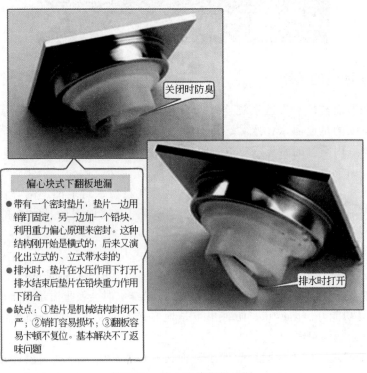

关闭时防臭

**偏心块式下翻板地漏**

● 带有一个密封垫片，垫片一边用销钉固定，另一边加一个铅块，利用重力偏心原理来密封。这种结构刚开始是横式的，后来又演化出立式的、立式带水封的
● 排水时，垫片在水压作用下打开，排水结束后垫片在铅块重力作用下闭合
● 缺点：①垫片是机械结构封闭不严；②销钉容易损坏；③翻板容易卡顿不复位。基本解决不了返味问题

排水时打开

图 2-58　偏心块式翻板地漏

弹簧式地漏
● 用弹簧拉伸密封芯下端的密封垫来密封。地漏内无水或水少时，密封垫被弹簧向上拉伸，封闭管道；当地漏内的水达到一定高度，水的重力超过弹簧弹力时，弹簧被水向下压迫，密封垫打开，自动排水
● 缺点：弹簧由硼铁制成，长期接触污水极易锈蚀，导致弹性减弱、失效，使用寿命短

图 2-59　弹簧式地漏

排水状态
在排水时水流进入地漏芯，感应重力自动开启密封盖板，不需任何外力，内部无磁铁、无弹簧

重力式地漏
● 不需水封，不使用弹簧、磁铁等外力，利用水流自身重力和地漏内部浮球的平衡关系，自动开闭密封盖板
● 缺点：地漏芯内部有螺旋式机械件，长期在污水中工作会锈蚀或淤积泥沙，阻碍浮球上下移动，影响排水、防臭、防菌

闭合状态
水流中断后，重力密封盖会自动关闭，密封盖上配有橡皮圈可达到完美密封效果

图 2-60　重力式地漏

毛发过滤器

地漏　　　防臭芯

不锈钢保护盖

**硅胶式地漏**

- 用两片较薄的硅胶或底部开口的硅胶袋来密封。排水时硅胶底部被水冲开；排水结束后，硅胶底部开口因残留水分自动贴合，实现防臭效果
- 防臭效果不错；硅胶虽耐腐蚀，但容易发生物理损坏，使用寿命较短
- 在排水过程中，污垢会留在硅胶上形成缝隙，也会影响防臭效果

图 2-61　硅胶式地漏

④ 根据家居的实际使用情况来选择不同地漏。建议可按表 2-6 所示选装。

**表 2-6　家居地漏选用表**

| 使用情况 | 选装地漏 |
| --- | --- |
| 经常用水的地方 | 深水封地漏 |
| 不常用水比较干燥的地方 | 适于用气封(无水封)地漏 |
| 洗衣机专用 | 尽量选用直排水的气封地漏 |
| 改装下水的横管道上 | 装 V 形硅胶嘴气封地漏 |

# 二、水电安装配件检测

## （一）开关件的检测

开关件是能够实现电路开与关的控制元器件。家庭装修中主要用到的开关件主要有空气开关和控制电灯熄灭的电源开关（墙壁面板开关）等。下面介绍这两种开关的检测方法。

### 1. 空气开关的检测方法

空气开关在电路中起保护作用，当电路中电流超过额定电流时就会自动断开。判断空气开关是否正常，可采用电阻法和电压法两种方法进行检测。

（1）电阻法

在关闭总电源或卸下空气开关的情况下，将空气开关合闸，用万用表"R×1"电阻挡分别测空气开关电源端与负载端对应的接口，正常情况下阻值应为零，导通。反之，则说明空气开关损坏。

（2）电压法

在带电情况下，用万用表电压挡首先测量空气开关电源进线 220V 电压正常。然后在空气开关合闸状态下，将万用表两表笔测量负载侧火线与零线是否有 220V 电压。如测得无电压，则说明空气开关损坏。

（3）空气开关故障的判断步骤

① 先检查漏电保护器（即线路中的总漏电开关）的漏电保护按钮是否跳起。

② 把空气开关后级负载端的线拆除，看是否能合闸。如果能合闸，说明空气开关没问题。

③ 代换空气开关，如能合闸，说明原空气开关损坏。

### 2. 墙壁面板开关的检测方法

（1）外观检查

① 用手按动开、关手感好，无卡滞、松脱现象。

② 触点接触不良。主要检查触点是否烧损，触点表面有无尘垢，触点弹簧是否失效。

③ 触点间短路。主要检查塑料是否受热变形，导致接线螺钉相碰短路；触点间有无杂物或油污导致形成通路。

（2）电阻检测法

判断开关件质量好坏，最常用的方法是测量开关件的接触电阻和断开电阻是否正常。在正常情况下，在线测量开关的接触电阻应小于 $0.5\Omega$；反之，说明为接触不良。断开时测量开关的接触电阻一般应大于几千欧为正常。

## （二）继电器的检测

继电器是一种常用的控制器件，它可以用较小的电流来控制较大的电流、用低电压来控制高电压、用直流电来控制交流电等，并且可实现控制电路与被控电路之间的隔离，在自动控制、遥控、保护电路等方面得到广泛的应用。常见的继电器主要有电磁式继电器、干簧式继电器和固态继电器等。上述继电器都可以使用万用表对其进行检测。

### 1. 电磁式继电器的检测方法

① 检测电磁式继电器线圈阻值。将万用表置于"R×100"或"R×1k"挡，

两表笔（不分正、负）接继电器线圈的两引脚，如图 2-62 所示。在正常情况下，万用表指示应与该继电器的线圈电阻基本相符。如阻值为 0，则说明两线圈引脚间短路；如阻值明显偏小，则说明线圈局部短路；如阻值为无穷大，则说明线圈已断路或引脚脱焊。

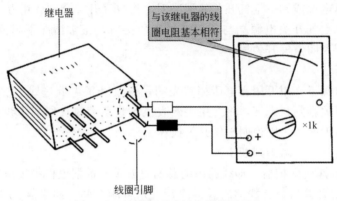

图 2-62　检测电磁式继电器线圈阻值

② 检测电磁式继电器触点。先给继电器线圈加上规定的工作电压，用万用表"R×1k"挡检测触点的通断情况，如图 2-63 所示。在正常情况下未加电时，常开触点不通，常闭触点导通；加电时，应能听到继电器吸合声，这时常开触点导通，常闭触点不通，转换触点应随之转换。如与上述情况不相符，则说明该继电器损坏。对于多组触点继电器，如果部分触点损坏，其余触点动作正常则仍可使用。

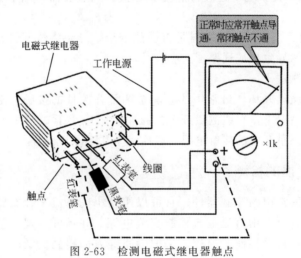

图 2-63　检测电磁式继电器触点

### 2. 干簧式继电器的检测方法

干簧式继电器同样可以用万用表对其线圈和触点进行检测，具体检测方法与电磁式继电器相同。

### 3. 固态继电器的检测方法

用万用表可以检测固态继电器的输入端。具体检测方法是：将万用表置于"R×10k"挡，黑表笔接固态继电器输入端的正极，红表笔接固态继电器输入端的负极，如图 2-64 所示。在正常情况下，指针应偏转过半。将两表笔对调后再测，指针应不动。如果无论正向接入还是反向接入，指针都偏转到头或都不动，则说明该固态继电器已损坏。

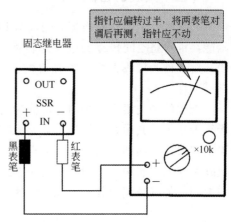

图 2-64　检测固态继电器

## （三）熔断器的检测

家用普通熔断器由圆形筒熔断器和底座组成，如图 2-65 所示。

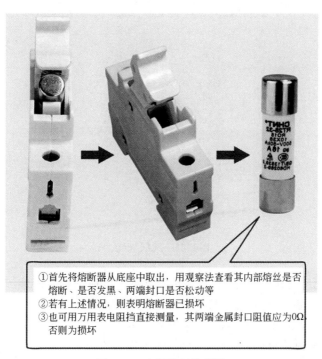

①首先将熔断器从底座中取出，用观察法查看其内部熔丝是否熔断、是否发黑、两端封口是否松动等
②若有上述情况，则表明熔断器已损坏
③也可用万用表电阻挡直接测量，其两端金属封口阻值应为0Ω，否则为损坏

图 2-65　家用普通熔断器

一般情况下可通过观察法来判断熔断器是否损坏，如外表损坏不明显，则可以通过万用表测量其阻值进一步判断。如熔断器损坏，应更换相同规格参数的熔断器。

### （四）天线的检测

天线是一个能量转换器，可将发射机馈给的高频电能转换为向空间辐射的电磁能，也可将空间传播的电磁能转换为高频电能输送到接收机，前者称为发射天线，后者称为接收天线。发射天线和接收天线的主要参数和特性都是相同的，具有可逆性。

天线的种类很多，按用途可分为通信天线、广播天线、电视天线、雷达天线、无线天线等。其中，无线路由器是家庭必备的网络设备，WiFi 无线信号就是通过路由器天线向周围空间辐射出去。家庭装修时一般将无线路由器或集成的 WiFi 模块安装在弱电箱中，为电脑、电视机、智能手机等多媒体提供无线数据信号，在弱电箱的外部顶端配置有无线天线外置接口，如图 2-66 所示。

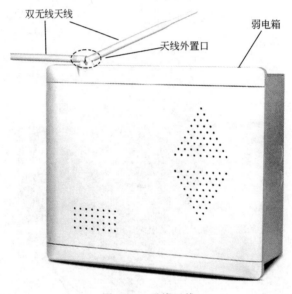

双无线天线

天线外置口

弱电箱

图 2-66 无线天线

无线天线通常是由天线套杆、上下固定座、接地钢管、同轴线缆、螺旋杆及 RF 接头等组成。造成无线信号故障原因还有无线芯片、功放、开线开关等不良。路由器的天线出现故障，将不能正常发射或接收无线信号，造成不能正常使用 WiFi 上网、看电视节目等，可按图 2-67 所示进行检查。

以上介绍的方法只能初步大致判断无线天线的好坏，检测天线性能需要专业的检测仪器，如频谱分析仪、微波信号源、网络分析仪等。

### （五）漏电保护器的检测

漏电保护器主要由直流电源部分和工作电路部分组成，其中电子电路是出现

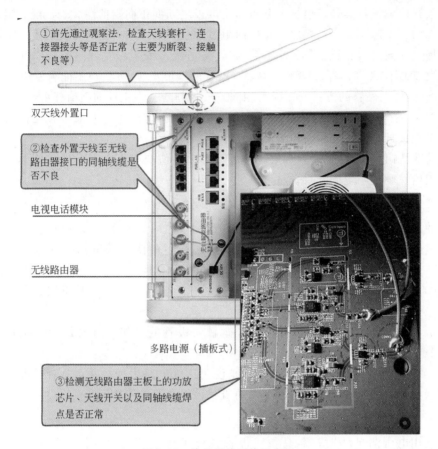

①首先通过观察法，检查天线套杆、连接器接头等是否正常（主要为断裂、接触不良等）

双天线外置口

②检查外置天线至无线路由器接口的同轴线缆是否不良

电视电话模块

无线路由器

多路电源（插板式）

③检测无线路由器主板上的功放芯片、天线开关以及同轴线缆焊点是否正常

图 2-67　检查无线天线示意图

故障较多的部位。检测漏电保护器出现故障既简便又迅速的方法分别是直观检查法、阻值测量法、信号注入法、电压测量法。

### 1. 直观检查法

对漏电保护器进行故障检修时，首先进行直观检查，解决明显故障。直观检查包括以下内容：打开漏电保护器外壳，检查保险管是否熔断、有无断线、电路板铜箔是否烧断、触点是否接触良好、接点是否有假性连接、元件是否烧坏等。

### 2. 阻值测量法

对不能直接观察到的故障，就需要借助万用表进行查找，即进行阻值测量。重点检测三极管、二极管、电容、电阻的阻值是否正常。根据经验，工作电流较大的末级三极管更易出现故障，所以查找故障时应遵循先三极管后其他元件，从末级向前级逆向逐级检查。具体检测方法如下：

① 使用万用表电阻挡的"R×1k"挡，在电路板上分别测三极管的基极（即 b 极）和发射极（即 e 极）、基极和集电极（即 c 极）、集电极和发射极的阻值。正常

的三极管应该是基极与发射极、基极与集电极之间的正向阻值约 $30\Omega$，反向阻值应大于 $50\Omega$；发射极与集电极之间正反向阻值大于 $50\Omega$。如果基极与发射极、基极与集电极正反向阻值相近（都较小或超大），集电极与发射极之间阻值较小甚至接近 $0\Omega$，则表明三极管损坏。这时，如果三极管的 $\beta$ 值小于 30 倍也不能再使用。

② 检测二极管的方法同三极管相同，只需判断一次正反向阻值即可。

③ 电容元件由于具有限直流的作用，直流阻值应很大。如果电容元件阻值较小，甚至接近于零，则说明电容元件已经击穿。

④ 检测电阻元件时，其阻值应接近其实际数值。如果电阻元件阻值大于其所标称阻值，则说明电阻元件内部断路。

### 3. 信号注入法

使用信号注入法时应注意安全，最好使用单独的直流电源装置供给直流电压。如果电路的工作电压高于安全电压 36V，最好不要使用该方法。具体检测方法如下：

① 首先给三极管电路加上一个符合要求的直流工作电压，从电路的最后一级开始，逐级向前注入信号。

② 手握螺丝刀的金属部分，轻轻碰触三极管的基极，这时最后级执行电路（即漏电保护器中的继电器）应动作。

③ 如果到哪级时继电器不动作，则说明这级电路出现故障。这种情况一般是三极管损坏，如果确认三极管良好，再查找该级电路的周围元件。

### 4. 电压测量法

使用电压测量法时，需具备三极管各极工作电压的电路图。具体检测方法如下：

① 首先检查直流电源部分。接通电源后，检查其输出的直流电压是否符合要求。为防止后级电路故障而影响电源电压时，可切断直流电源输出以后的电路。

② 如果输出电压不正常或无直流电压输出，可参照阻值测量法。用万用表 R×1k 挡分别对二极管及电容电阻进行检查，这时万用表的读数应为 kΩ。

③ 由于降压变压器也较易烧坏，可用交流电压挡测试其是否有符合要求的交流电压输出。

④ 如果变压器一次侧有正常交流电压，而二次侧无交流电压输出，则说明变压器烧坏，应更换同型号的变压器。

⑤ 接下来检查工作电路部分，需要参阅漏电保护器电路图。在漏电保护器所附的电路图上，都标出了每个三极管正常工作时各极的直流工作电压，可分别测定各级电路三极管的各极电压。

⑥ 如果有一极不符合电路图上的给定电压，则说明这部分电路有故障。

⑦ 先判断三极管是否损坏，三极管确实良好时，再查找周围元件。但实际上多因三极管损坏较多见。

### （六）水龙头的检测

水龙头内部结构主要由主体、阀芯、压帽、橡胶密封圈和 O 形密封圈等组成。阀芯损坏或松动、密封圈损坏或变形等是造成水龙头漏水的主要原因，具体检查方法如图 2-68 所示。

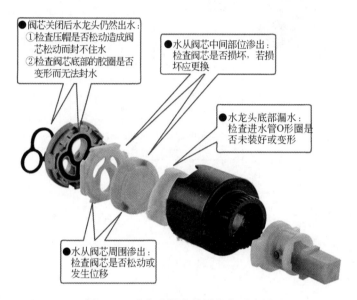

图 2-68　水龙头漏水检测部位示意图

有时水龙头漏水问题与水龙头本身无关，可能是因为上水软管与水龙头本体的安装不当导致的。还可能是由于给水龙头供水的上水软管老化、水压不稳或者被腐蚀等问题导致的。另外，新水龙头关闭后会出现几秒钟的滴水是因为水龙头关闭后内腔存有余水，这属于正常现象。

### （七）泄压阀的检测

泄压阀（见图 2-69）是安装在储水式热水器（如电热水器、小水宝等）的安全部件。泄压阀具有泄压功能和止回功能，且调节方便，在现代家庭装修中得到广泛的应用。

储水式带内胆的电热水器属于压力容器，对温度控制元器件和安全泄压部件有安全要求，安全阀一般压力是 0.75MPa，加热时水会产生热胀冷缩现象，膨胀的水会从泄压阀的溢流口流出，通过使用导流管引至地漏处。

泄压阀故障主要是漏水，造成漏水现象一般有两种可能：一是水压过高，二是泄压阀弹簧损坏。如果是水压过高，则需要在自来水入口处安装限压阀；如果泄压阀内部弹簧损坏，则拆开排水阀，更换一个强度适中的弹簧即可。

● 泄 压 功 能
阀体内安装有泄压装置,当自来
水管道压力或者通电加热时压力
超过安全阀的额定压力时,安全
阀会自动通过排泄孔滴水的方式
来排掉过高的压力,以保障电热
水器不因压力过高发生爆炸

● 止 回 功 能
安全阀底部进水口安装止回装置,只
能进水不能出水。当管道自来水停水
时,可防止烧好的热水倒流回管道,
造成热源白白损失

图 2-69 泄压阀

课堂四

# 接 线 拆 装

## 一、水电工配件拆焊技巧

### （一）电线的焊接技巧

电线的焊接方法主要有槽焊法、浇焊法、套焊法和鼻子焊。

#### 1. 槽焊法

槽焊法主要针对较粗的电线接头。焊接前首先将线芯用电工刀背或细砂纸去除氧化层，然后做好接头，并在接头处涂抹松香，最后将电线置于开槽紫铜板上，用喷灯加热烫锡焊接，如图 2-70 所示。

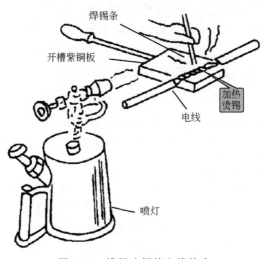

图 2-70　槽焊法焊接电线接头

#### 2. 浇焊法

对较粗的铜电线接头也可采用浇焊法，具体操作方法如图 2-71 所示。利用喷灯或炉灶在熔锡锅内先熔化相当数量的焊锡后，用勺子盛上熔化了的锡浇在接头上，浇上数次即可焊牢。操作时要做好防护措施，以免烫伤。

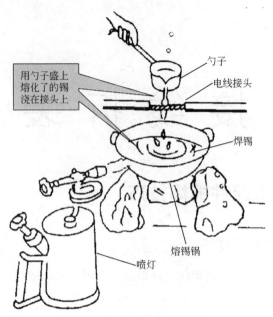

用勺子盛上熔化了的锡浇在接头上

勺子

电线接头

焊锡

熔锡锅

喷灯

图·2-71　浇焊法焊接电线接头

### 3. 套焊法

直径在 2mm 以上的圆导线（或矩形导线）制作接头时可采用套焊法，具体操作方法如图 2-72 所示。用镀过锡的薄铜皮制成的套管，其内径应与导线配合，且套管留缝，以便注入锡液，长度为导线之间的 8 倍左右。将两导线的端头对插入套管，注入松香焊剂，最后用电烙铁焊牢即可。

### 4. 鼻子焊

鼻子焊通常用于较粗的电线，具体操作方法如图 2-73 所示。将铜芯电线和铜线鼻子取出氧化层，然后将线芯插铜线鼻子，放入熔锡锅浸渍数分钟，即可焊好。

## （二）PP-R管的焊接技巧

PP-R 水管的连接需要采用热熔接的方式，有专用的焊接工具和切割工具。下面具体介绍 PP-R 管焊接操作方法及注意事项。

① 安装前应检查热熔器具、模头、拖线板、电线、插头、插座是否完好，管材、管件是否属于同一品牌。

② 对每根管材的两端在施工前应检查是否损伤，以防止运输过程中对管材产生损害。如有损害或不确定，管安装时端口应减去 4～5cm。

③ 切割管材时必须使端面垂直于管轴线，管材切割应使用专用管子剪，保持切口平整不倾斜，如图 2-74 所示。

④ 加热时无旋转地把管端导入加热模头套内，插入到所标识的深度；同时，

无旋转地把管件推到加热模头上，达到规定标志处，如图 2-75 所示。

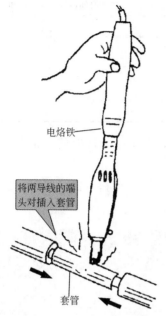

电烙铁

将两导线的端头对插入套管

套管

图 2-72 套焊法焊接电线

将铜线鼻子放入熔锡锅浸渍上锡

炉灶

图 2-73 鼻子焊法

图 2-74 切割管材

图 2-75 加热管材

⑤ 注意加热时间过短，受热不充分；加热时间过长，会导致管件塌陷。管件的直径大小不同，加热时间也不相同，各种规格 PP-R 管材加热深度、加热时间、加工时间及冷却时间如表 2-7 所示。在规定的加工时间内，刚熔接好的接头还可校正，可少量旋转，但过了加工时间，严禁强行校正。

表 2-7　各种规格 PP-R 管材加热深度、加热时间、加工时间及冷却时间

| 管径（mm） | 加热深度（mm） | 加热时间（s） | 加工时间（s） | 冷却时间（min） |
|---|---|---|---|---|
| 25 | 15 | 7 | 4 | 3 |
| 32 | 16.5 | 8 | 4 | 4 |
| 40 | 18 | 12 | 6 | 4.5 |
| 50 | 20 | 18 | 6 | 5 |
| 63 | 24 | 24 | 7 | 6 |

⑥ 充分加热后将管材拔出迅速连接插入，并保持一段时间。正常熔接在结合面应该有一均匀的熔接圈，如图 2-76 所示。

⑦ 焊接好的管材和管件不可有倾斜现象，要做到基本横平竖直，避免在安装水龙头时角度不对，不能正常安装，如图 2-77 所示。

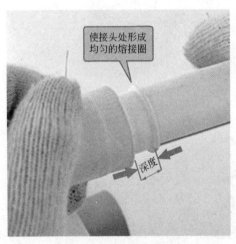

图 2-76　连接管材

图 2-77　安装效果

# 二、水电工线缆连接技巧

## （一）导线与导线的连接技巧

### 1. 单股铜芯导线的直线连接

单股铜芯导线的直线连接方法如图 2-78 所示，具体操作步骤如下。

① 先将两导线芯线线头呈 X 形相交。

② 互相绞合 2~3 圈后扳直两线头。

③ 将每个线头在另一芯线上紧贴并绕 6 圈，用钢丝钳切去余下的芯线，并钳平芯线末端。

### 2. 单股铜芯导线的 T 字形连接

单股铜芯导线的 T 字形连接方法如图 2-79 所示，具体操作步骤如下。

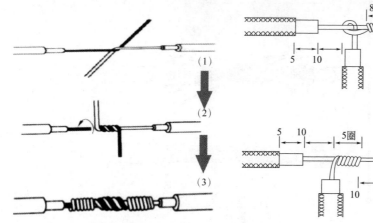

图 2-78　单股铜芯导线的直线连接　　　图 2-79　单股铜芯导线的 T 字形连接

① 首先将支路芯线的线头与干线芯线十字相交，并在支路芯线根部留出 5mm。

② 顺时针方向缠绕 6～8 圈后，用钢丝钳切去余下的芯线，并钳平芯线末端。

③ 如果是小截面的芯线可以不打结。

### 3. 双股线的对接

双股线的对接方法如图 2-80 所示，具体操作步骤如下。

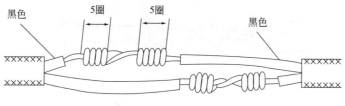

图 2-80　双股线的对接

① 首先将两根双芯线线头剖削成图示中的形式。

② 连接时，将两根待连接的线头中颜色一致的芯线按小截面直线连接方式连接。

③ 用相同方法将另一颜色的芯线连接在一起。

### 4. 多股铜芯导线的直线连接

以 7 股铜芯线为例，多股铜芯导线的直线连接方法如图 2-81 所示，具体操作步骤如下。

① 先将剥去绝缘层的芯线头散开并拉直。

② 把靠近绝缘层⅓线段的芯线绞紧。

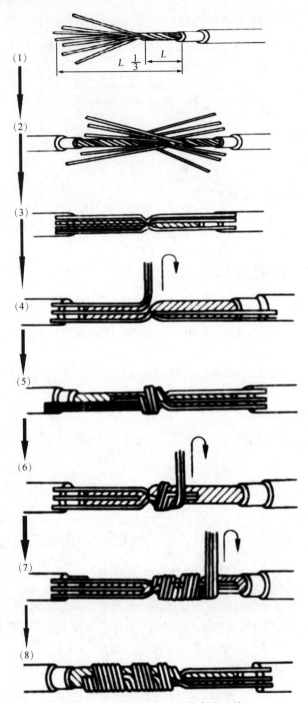

图 2-81　多股铜芯导线的直线连接

③ 把余下的⅔芯线头按图示分散成伞状，并将每根芯线拉直。

④ 把两伞状线端隔根对叉，必须相对插到底。

⑤ 捏平叉入后的两侧所有芯线，并应理直每股芯线和使每股芯线的间隔均匀。

⑥ 同时用钢丝钳钳紧叉口处消除空隙。

⑦ 先在一端把邻近两股芯线在距叉口中线约 3 根单股芯线直径宽度折起，并形成 90°。

⑧ 接着把这两股芯线按顺时针方向紧缠 2 圈后，再折回 90°，并平卧在折起前的轴线位置上。

⑨ 把处于紧挨平卧前邻近的 2 根芯线折成 90°，并按步骤⑧方法加工。

⑩ 把余下的 3 根芯线按步骤⑧方法缠绕至第 2 圈时，把前 4 根芯线在根部分别切断，并钳平。

⑪ 把 3 根芯线缠足 3 圈，并剪去余端，钳平切口不留毛刺。

⑫ 另一侧按步骤⑦~⑪方法进行加工。

### 5. 多股铜芯导线的 T 字形连接

同样以 7 股铜芯线为例，多股铜芯导线的 T 字形连接方法如图 2-82 所示，具体操作步骤如下。

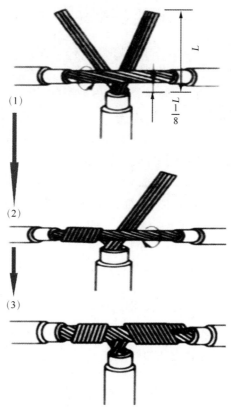

图 2-82 多股铜芯导线的 T 字形连接

① 先将分支芯线散开并拉直。

② 把紧靠绝缘层⅛线段的芯线绞紧，并把剩余⅞线段的芯线分成两组，一组 4 根，另一组 3 根，排齐。

③ 用旋凿把干线的芯线撬开分为两组。

④ 把支线中 4 根芯线的一组插入干线芯线中间，而把 3 根芯线的一组放在干线芯线的前面。

⑤ 把 3 根线芯的一组在干线右边按顺时针方向紧紧缠绕 3～4 圈，并钳平线端。

⑥ 把 4 根芯线的一组在干线左边按逆时针方向缠绕 4～5 圈。

⑦ 最后钳平线端即可。

### 6. 不等径铜导线的对接

不等径铜导线的对接方法如图 2-83 所示，具体操作步骤如下。

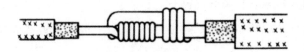

图 2-83　不等径铜导线的对接

① 先把细导线头在粗导线线头上紧密缠绕 5～6 圈。

② 弯折粗线头端部，使它压在缠绕层上。

③ 把细线头缠绕 3～4 圈，剪去余端，钳平切口。

### 7. 单股线与多股线的 T 字分支连接

单股线与多股线的 T 字分支连接方法如图 2-84 所示，具体操作步骤如下。

① 先在离多股线的左端绝缘层口 3～5mm 处的芯线上，用螺丝刀把多股芯线分成均匀的两组。

② 把单股芯线插入多股芯线的两组芯线中间，但单股芯线不可插到底，应使绝缘层切口离多股芯线约 3mm 的距离。

③ 用钢丝钳把多股芯线的插缝钳平钳紧。

④ 把单股芯线按顺时针方向紧缠在多股芯线上，应使圈圈紧挨密排，绕足 10 圈。

⑤ 最后切断余端，钳平切口毛刺即可。

### 8. 软线与单股硬导线的连接

软线与单股硬导线的连接方法如图 2-85 所示，具体操作步骤如下。

① 先将软线拧成单股导线。

② 在单股硬导线上缠绕 7～8 圈。

③ 最后将单股硬导线向后弯曲，以防止绑脱落。

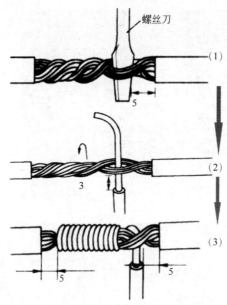

螺丝刀

(1)

5

(2)

3

(3)

5          5

图 2-84　单股线与多股线的 T 字分支连接

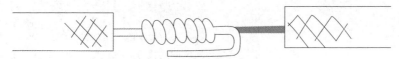

图 2-85　软线与单股硬导线的连接

## （二）导线与插座的连接方法

国际电工委规定三孔插座的取电规则是左零右火中间地。火线、零线、地线如果接错，将很可能造成漏电事故。下面以三孔插座为例，具体介绍导线与插座的连接方法。

### 1. 单股软导线与插座的连接方法

① 先将盒内导线留出维修长度后剪除余线，用剥线钳剥出适当长度，如图 2-86 所示。

② 将剥出的线头绞实、打折并压实（见图 2-87），目的是尽可能增加导线与插座的接触（尽可能将插座的接线孔塞满），从而使连接更牢靠，不脱落，不起弧。对于截面积为 $1.5mm^2$ 的导线可以多打折，对于截面积为 $4mm^2$ 的导线只打 2 折就行了。

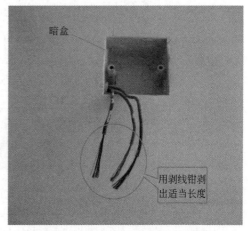

暗盒

用剥线钳剥出适当长度

图 2-86　单股软导线与插座的连接方法

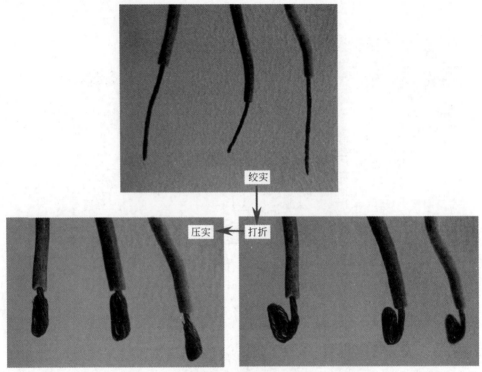

图 2-87 单股软导线与插座的连接方法（续一）

③ 将导线接入插座，拧紧固定螺钉。对于相同颜色的导线，应采用红色绝缘胶布标出火线，以便日后维护，如图 2-88 所示。

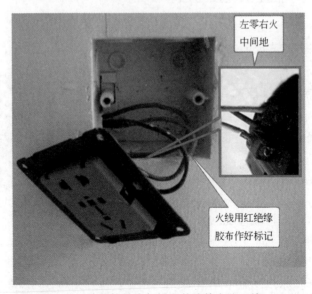

图 2-88 单股软导线与插座的连接方法（续二）

### 2. 单股硬导线与插座的连接方法

单股硬导线与插座的连接方法如图 2-89 所示，具体操作步骤如下。

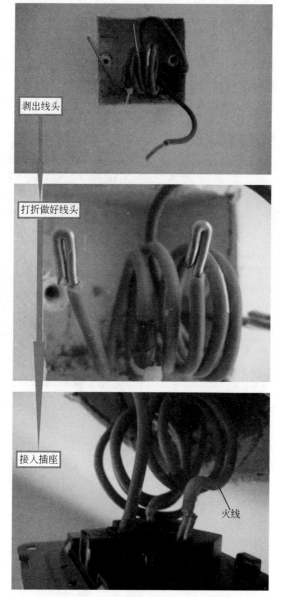

剥出线头

打折做好线头

接入插座

火线

图 2-89　单股硬导线与插座的连接方法

　① 与单股软导线的处理方法一样，先将盒内导线留出维修长度后剪除余线，用剥线钳剥出适当长度。

　② 将每根线头打折做好线头。

　③ 按火线标记分别将线头接入插座，拧紧固定螺钉即可。

### 3. 两根导线与插座的连接方法

（1）不间断接法

不间断接法是指将两根相同极性的导线不断头，经过加工线头再接入插座。具体操作步骤如图 2-90 所示。

（2）断头接法

断头接法是指为了布线的需要，将两根相同极性的导线在接入插座之前进行连接。断头接法分为断头不焊接法和断头焊接法两种。

① 断头不焊接法。导线接入插座断头不焊接法的操作步骤如图 2-91 所示。

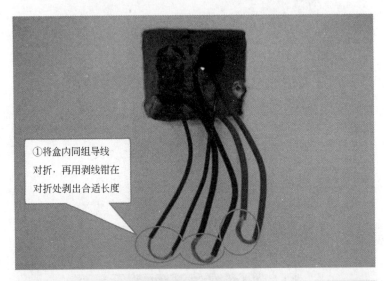

①将盒内同组导线对折，再用剥线钳在对折处剥出合适长度

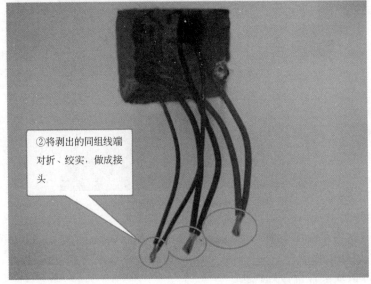

②将剥出的同组线端对折、绞实，做成接头

③首先将同组导线用扎带捆好，火线用红胶带作好标记；然后接入插座，并拧紧固定螺钉

火线

图 2-90 两根导线不间断接法操作步骤

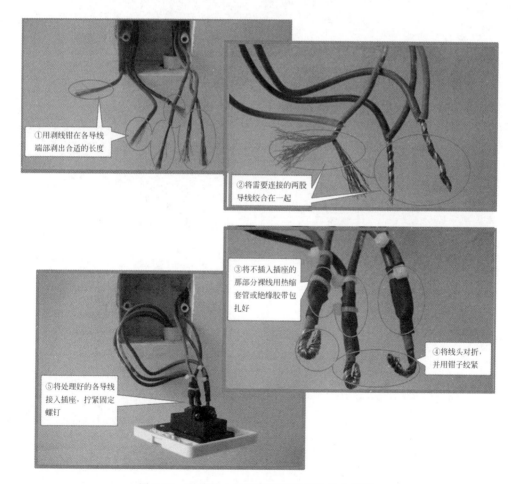

①用剥线钳在各导线端部剥出合适的长度

②将需要连接的两股导线绞合在一起

③将不插入插座的那部分裸线用热缩套管或绝缘胶带包扎好

④将线头对折，并用钳子绞紧

⑤将处理好的各导线接入插座，拧紧固定螺钉

图 2-91 导线接入插座断头不焊接法操作步骤

② 断头焊接法。断头焊接法是在导线接入插座断头不焊接法的基础上，将两股导线用热缩套管包扎、绞紧后，为了使导线的连接更安全可靠，采用锡焊焊接后再接入插座。

锡的导电性能好，受热熔化后包裹导线，焊锡与导线充分接触，连接更可靠。

# 第三讲

## 职业化学习课内训练

# 水电工安装要求与规范

## 一、水管的安装

水管铺设安装是装修中的基础工程，也是非常重要的环节。水管安装不规范不仅会影响日常使用，而且对居住安全造成一定隐患。下面介绍 PP-R 给水管和 PVC 排水管的安装要求与规范。

### （一）安装水管的前提条件

管道在安装施工前，应具备下列条件：

① 施工图及其他技术文件齐全，且已进行图纸技术交底，满足施工要求。绘制了水路图也方便以后维护检修。

② 在施工现场征求业主意见（例如家具、电器等的摆设位置确定），统一施工方案。

③ 准备好施工材料、机具等，保证正常施工。

④ 提供的管材和管件应符合设计规定，并附有产品说明书和质量合格证书。

⑤ 不得使用有损坏迹象的材料。如发现管道质量有异常，应在使用前进行复检。

⑥ 施工安装时应复核水管压力等级和使用场合。管道标记应向外侧，处于显眼位置。

### （二）管道敷设安装要求与规范

安装前要对水管及其各种配件进行检查，看是否有破损、渗漏等问题。水管及配件的连接必须正确牢固，接好后进行测试没问题后再进行安装。

① 在规定的冷却时间内，刚熔接好的接头还可校正，可少量旋转，但过了冷却时间，严禁强行校正，如图 3-1 所示。

② 在装修时必须要分清线管和水管，目前装修行业中比较常见的是红色的管是强电线管，蓝色的管是弱电线管，绿色的管是水管，黑色的管是燃气管。管道安装时不得靠近电源，并且安装在电线管下面，交叉时需用过桥弯过渡，切记不可水上电下，如图 3-2 所示。水管与燃气管的间距应该不小于 50mm。

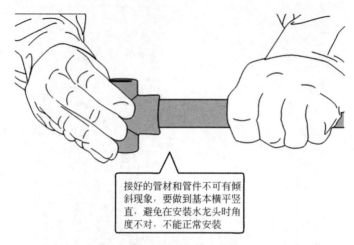

接好的管材和管件不可有倾斜现象，要做到基本横平竖直，避免在安装水龙头时角度不对，不能正常安装

图 3-1 冷却校正示意图

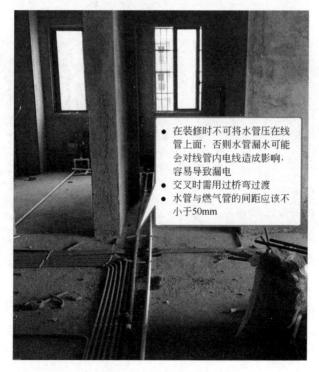

- 在装修时不可将水管压在线管上面，否则水管漏水可能会对线管内电线造成影响，容易导致漏电
- 交叉时需用过桥弯过渡
- 水管与燃气管的间距应该不小于50mm

图 3-2 水下电上示意图

③ 冷热水管间距应为 15cm，如图 3-3 所示。如果安装冷热水管时没有按照规范执行（间距小于或者大于 15cm），会导致热水器接口与水管对接不上。

④ 水电应分槽安装，水管、线管应安装在不同槽内，且两槽间距应大于 15cm，如图 3-4 所示。

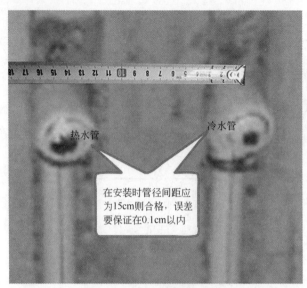

图 3-3　冷热水管间距示意图

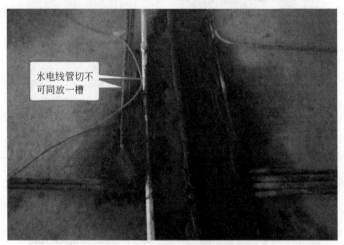

图 3-4　水电分槽安装示意图

⑤ 在水管安装完毕后一定要进行水路打压试验，如图 3-5 所示。不做水路打压试验，只通过目测水管渗漏情况，这样无法确保水路在水压增大时不漏水。

⑥ 当使用带金属螺纹的 PP-R 管件时，白色的生料带必须牢固密封，以避免从螺纹处漏水。

⑦ 拧紧带金属螺纹的 PP-R 管件时应注意用力适度，过度拧紧可能会拧裂管件而导致漏水。

⑧ 要用专业的管卡固定，切不可用勾钉，以防止损坏水管，缩短水管寿命，如图 3-6 所示。管卡的间距应符合规定，在常规情况下，冷水管管卡间距为 50cm±5cm，热水管管卡间距为 35cm±5cm。如管卡不到位，会导致水管抖动，产生噪声。

水管布设好后，先关闭水表的阀门。将需要打压的管路各出口用堵头封好，只留一个进口。在进口接上打压机，用打压机将水管内气压打到6~8个大气压（0.6~0.8MPa），持续30min以上。此期间观察压力下降幅度不大于1个大气压，所有接头、阀门无漏水现象即可

减压2~3h后，才能封管

图 3-5　水路打压试验示意图

⑨ 水管走向应横平竖直，避免硬拉或扭曲水管，造成出水口与墙面不平行，影响美观及混合龙头的安装。

⑩ PVC排水管必须胶粘严密。卫生间、厨房、阳台的排水管必须要有一定的坡度，坡度符合 35/1000 要求，如图 3-7 所示。

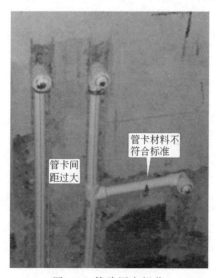

管卡间距过大

管卡材料不符合标准

留坡度时要求排水管最低端应与主排水管连接

图 3-6　管路固定规范　　　　图 3-7　排水管坡度规范

# 二、电路的安装

## （一）材料要求

在家庭装修中，要涉及强电（照明、电器用电）和弱电（电视、电话、音响、网络等）。电路线在现代装修中一般要求埋暗线，一旦出了问题，维修起来非常麻烦，所以要求线材一定要符合相关规定。对材料的具体要求如下：

① 在家庭装修中按相关的规定，照明、开关、插座要用截面积为 2.5mm$^2$ 的电线，空调要用截面积为 4.0mm$^2$ 的电线，热水器要用截面积为 6.0mm$^2$ 的电线。空调、浴霸、电热水器和冰箱的线路必须从配电箱开始。

② 三线制安装必须用三种不同色标。原则上，红色、黄色、蓝色为火线色标。蓝色、绿色、白色为零线色标，黑色、黄绿彩线为接地色标。

③ 穿线管常用的有直径 16mm、20mm、25mm、32mm、40mm、50mm、63mm，通常家装用以 16mm、20mm 居多。其中，要求 2.5mm$^2$ 的 3 根电线（含地线）使用 16mm 穿线管，4mm$^2$、6mm$^2$ 的使用 20mm 穿线管。

## （二）电路的布线和安装规范

① 施工前应绘制各居室电路分布图，并以各种灯具、开关、插座和配电盘定出坐标及高度，以确定路线的走向和分支汇合。要充分考虑各功能区域所需的电器及照明设备，并以此为依据。保证电线走管要做到横平竖直。

② 电线的敷设应按设计规定进行施工，照明线路和低压线路均应设负荷保护。线路的短路保护与负荷保护、电线线径的选择、低压电器（如空调、家用电器等）的安装应按规定进行。

③ 在家庭装修中，暗线线路必须采用安全可靠的带护套电线，埋线时不允许有线接头。

④ 长距离的线管尽量用整管，线管如果需要连接，要用接头，接头和管要用胶粘好。

⑤ 水电的施工有一个原则就是，走顶不走地，顶不能走，考虑走墙，墙也不能走，才考虑走地。走地面和走顶面还是有很大的不同，顶面尽量走直线，节约电线。走地面则尽量横平竖直，并且沿墙边走（见图 3-8），主要便于检修，减少交叉，确保安全，同时避免后期施工（如安装地板）时对电线造成误伤。

⑥ 强弱电不能同槽同管敷设，且强弱电的间距要在 200mm 以上，如图 3-9 所示。

⑦ 根据在施工现场开设的沟槽进行布排管，在有水房间进行布排管时电管应布设在墙上、顶上。强弱电线不允许走厨房、卫生间、阳台的地面。

⑧ 家里不同区域的照明、插座、空调、热水器等电路都要分开分组布线，一

旦哪部分需要断电检修时，不影响其他电器的正常使用。大功率电器由于单位时间内电流负荷大，因此电线不仅对规格有要求还需要敷设专线。

⑨ 同类型线管平行敷设时，间隔应为 5～10mm 之间，如图 3-10 所示。

图 3-8　地面沿墙面布线示意图

图 3-9　强弱电不同槽同管敷设示意图

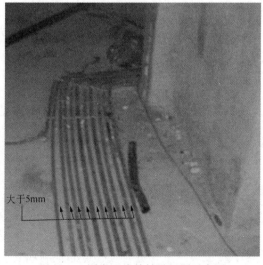

图 3-10　同类型线管铺设间隔示意图

⑩ 在承重墙、房梁处不可走管。如一定要经过，需使用黄蜡管包裹电线。另外，在墙面不得开横线槽，以免对房屋造成损坏。典型错误做法如图 3-11 所示。

图 3-11　在墙面开横槽错误做法示意图

⑪ 成排安装的开关高度应一致，高低差不大于 2mm。暗盒之间的间距为10mm，插座离地面的高度一般至少为 300mm，开关的位置一般离地 1300mm。线盒里每路线必须留线头，长度不少于 150mm，（左零右火）以便维修。

⑫ 接线要做到火线进开关，零线进灯头。

## 三、燃气的安装

燃气管道的质量和安装过关，是关系人身安全及住宅安全的重要一环。燃气管道的安装必须遵循一定的规范合理施工，方能为住户带来安心的体验。下面具体介绍室内燃气管道的安装要求和规范。

### （一）燃气管道的安装标准和要求

① 住户室内燃气管道的最高压力和用气设备的燃气燃烧器采用的额定压力应符合现行国家标准 GB 50028—2006《城镇燃气设计规范》的规定。

② 安装燃气管道时，管道的预制和安装要按设计施工图进行。

③ 管道、管件、管道附件、阀门及其他材料应用在室内燃气管道上，应符合

设计文件的规定；安装前应按国家现行标准进行检验，不得使用不合格器材。

④ 上建工程在室内燃气管道安装前，应能满足管道施工安装的要求。

⑤ 对燃气管道使用的管道、管件及管道附件，当设计文件无明确规定时，管径小于 2mm 或等于 50mm，宜采用镀锌钢管或铜管；管径大于 50mm 或使用压力超过 10kPa，应符合《城镇燃气设计规范》要求。

⑥ 室内燃气管道一般不采用暗埋方式，如必须暗埋时必须使用燃气专用的不锈钢管、铜管、铝塑复合管等，暗埋的燃气管道必须采用焊接。燃气表及阀门不得暗埋，燃气管道宜暗埋于距天花板 20cm 范围内且距地面 50cm 以下的墙面。暗埋后应有明显的标志，以免用户装修施工时破坏暗埋的燃气管道。

⑦ 室内电器（如热水器、燃气灶）燃气进气管道一般采用不锈钢燃气管道。安装时首先将燃气管道插入暗埋的 32mmPVC 管内，计算好长度，然后用切管钳切去多余的管道，如图 3-12 所示。

再在管道的两头制作接头。方法是先将不锈钢的管道接头用专用工具（见图 3-13）按图 3-14 所示打制，将管道口前三圈压到一起形成一个折垫。

图 3-12　用切管钳切去多余的管道

图 3-13　不锈钢的管道接头用专用工具

图 3-14　用专用工具将管道口前三圈压到一起

将事先买好的管道接头和卡垫（两个半圆形卡垫）按图 3-15 所示放入管道内，再放入垫圈即可插入电器进气口或煤气表的出气阀门口上。

注意两个半圆形卡垫不要掉了，安装时注意光面向外，且放在管道敲折所形成垫子的后方，如图 3-16 所示。

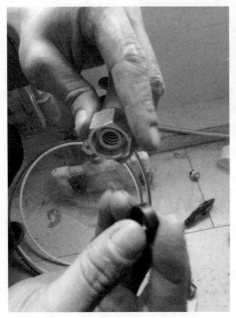
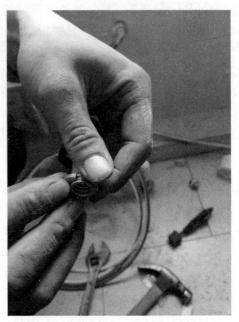

图 3-15　安装管道接头和卡垫　　　　图 3-16　两个半圆形卡垫的安装

## （二）燃气管道施工规范

① 燃气管道施工时，应避免将管体焊缝朝向墙面，焊缝不明显的管道应事先做好标记。

② 暗埋在墙内的铜管或不锈钢波纹管，应使用专用的开凿机开槽。灌槽宽度宜为管道外径加 20mm，深度应满足覆盖厚度不小于 10mm 的要求。严禁在承重墙、柱、梁开凿管槽。

③ 室内燃气管道穿越楼板、楼梯平台、墙壁和隔墙时，必须安装在套管中，如图 3-17 所示。

④ 穿越楼板、楼梯平台等处时套管应选用钢管，穿墙套管可采用 PVC 管，套管与燃气管应用沥青油麻或柔性防水材料封堵严密，与墙壁之间应用水泥砂浆填实，两端以水泥砂浆抹平。

⑤ 燃气管道应沿非燃材料墙面敷设，当与其他管道相遇时应符合表 3-1 所示要求。在特殊情况下室内煤气管道必须穿越浴室、卫生间、吊平顶（垂直穿）和客厅时，管道应无接口。

图 3-17  燃气管道穿越楼板时的安装

表 3-1  燃气管道与其他管道敷设距离

| 敷设方式 | 净距（mm） | 备注 |
| --- | --- | --- |
| 水平平行敷设 | 不宜小于 150 | |
| 竖向平行敷设 | 净距不宜小于 100 | 应位于其他管道的外侧 |
| 交叉敷设 | 净距不宜小于 50 | |

⑥ 室内煤气管不宜穿越水斗下方。当必须穿越时，应加设套管，套管管径应比煤气管管径大两挡，煤气管与套管均应无接口，管套两端应伸出水斗侧边 10～20mm。

⑦ 燃具与电表、电气设备应错位设置，其水平净距不得小于 500mm。当无法错位时，应有隔热防护措施。

⑧ 燃具设置部位的墙面为木质或其他易燃材料时，必须采取防火措施。

⑨ 各类燃具的侧边应与墙、水斗、门框等相隔的距离及燃具与燃具间的距离均不得小于 200mm。当两台燃具或一台燃具及水斗成直角布置时，其两侧边离墙之和不得小于 1.2m。

⑩ 煤气管道安装完成后应做严密性试验，试验压力为 300mm 水柱，3min 内压力不下降为合格。

# 线 路 安 装

## 一、家装照明线路安装

### （一）吊灯的安装

吊灯是吊装在室内天花板上的高级装饰用照明灯。目前，市面上吊灯的种类很多，形式也多样化。其中，用于居室的分为单头吊灯和多头吊灯两种，前者多用于卧室、餐厅，后者宜装在客厅，如图 3-18 所示。

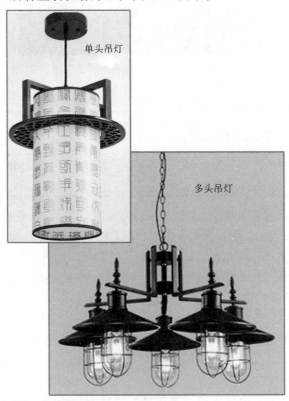

单头吊灯

多头吊灯

图 3-18　单头吊灯和多头吊灯

吊灯里的节能灯实际上就是一种紧凑型、自带镇流器的荧光灯，工作时灯丝的温度在 1160K 左右（白炽灯工作温度为 2200～2700K）。又由于它使用效率较高的电子镇流器，同时不存在白炽灯那样的电流热效应，荧光粉的能量转换效率也很高（50lm/W 以上），故具有使用寿命长和节能的特点。

节能灯点燃时首先经过电子镇流器给灯管灯丝加热，灯丝开端发射电子（由于在灯丝上涂了一些电子粉），电子碰撞充装在灯管内的氩原子，氩原子碰撞后取得了能量又撞击内部的汞原子，汞原子在吸收能量后跃迁产生电离，灯管内构成等离子态。灯管两端电压直接经过等离子态导通并发出 253.7nm 的紫外线，紫外线激起荧光粉发光。

吊灯无论以电线或以铁支垂吊，都不能吊得太矮，阻碍人正常的视线或令人觉得刺眼。吊灯的安装高度，其最低点应离地面不小于 2.2m。具体安装步骤如下：

① 首先挑选适合的电钻，安装上直径为 6mm 的钻头。

② 把挂板从固定底座上卸下，对准固定底座上的螺钉，找好固定底座的孔位，就可先单独固定挂板，如图 3-19 所示。

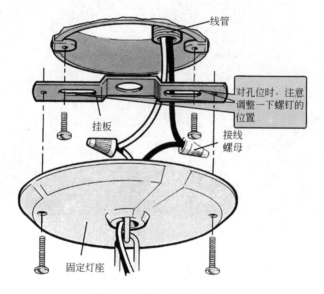

线管

对孔位时，注意调整一下螺钉的位置

挂板

接线螺母

固定灯座

图 3-19 吊灯安装示意图

③ 将上好螺钉的挂板置于天花板灯线管预留处，用记号笔在螺钉处作好记号，用来钻孔，如图 3-20 所示。

④ 上膨胀螺塞，把膨胀螺塞塞到孔内，用锤子敲进去，如图 3-21 所示。

⑤ 用螺钉固定好挂板，注意一定要安装牢固，不可使螺钉出现偏移。

⑥ 连接好电源线，如图 3-22 所示。电源线进线 L（红线）通过开关接灯的一端，灯的另一端直接接零线 N（蓝线），PE 线（一般为双色线）接地。如果没有接地引出线，也可以不接，直接用绝缘胶布包扎好，不影响使用。

用记号笔在天花板上作记号

图 3-20　钻孔

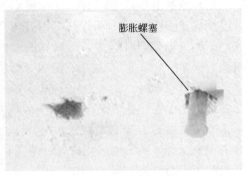

膨胀螺塞

图 3-21　上膨胀螺塞

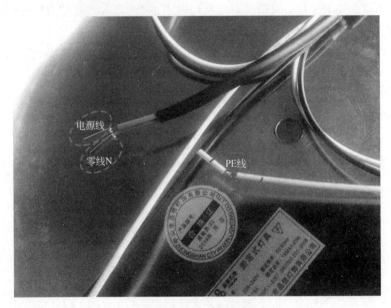

电源线

零线N

PE线

图 3-22　吊灯接线示意图

⑦ 把挂板和固定灯座用螺钉连起来，拧好螺钉，固定好固定灯座。

⑧ 最后安装好灯罩即可完成安装。

## （二）壁灯的安装

壁灯是安装在室内墙壁上的辅助照明装饰灯具，一般多配用乳白色的玻璃灯罩。图 3-23 所示是壁灯安装图。

壁灯里的荧光灯是利用低压的汞蒸气放电而产生的紫外线来激发涂在灯管内壁的荧光粉而发光的电光源。它可以分为两种类型，即传统型荧光灯和无极荧光灯。节能荧光灯功率有 5W、7W、9W、11W、13W、18W、36W、45W、65W、85W、105W 这几种。

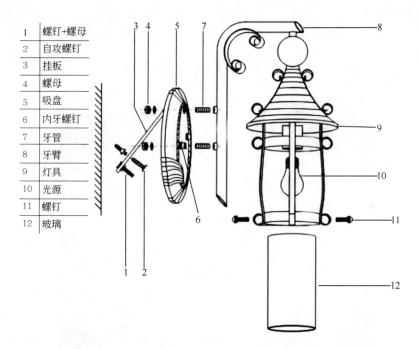

| 1 | 螺钉+螺母 |
| 2 | 自攻螺钉 |
| 3 | 挂板 |
| 4 | 螺母 |
| 5 | 吸盘 |
| 6 | 内牙螺钉 |
| 7 | 牙管 |
| 8 | 牙臂 |
| 9 | 灯具 |
| 10 | 光源 |
| 11 | 螺钉 |
| 12 | 玻璃 |

图 3-23　壁灯安装示意图

　　壁灯的安装高度一般为灯具中心距地面 2～2.2m，床头安装的壁灯以 1.2～1.4m 为宜。壁灯的安装方法比较简单，待位置确定好后，主要是壁灯灯座的固定。往往采用预埋件或打孔的方法，将壁灯固定在墙壁上。

　　安装小型壁灯最简单最常用的方法是：用毛刷把胶黏剂涂刷在粘接面上进行安装。或者将胶辊的下半部浸入胶液中，上半部露在外面直接或通过胶辊间接与工作面接触，通过工件等带动胶辊转动把胶液涂在粘接面上。

## （三）吸顶灯的安装

　　吸顶灯是安装时底部完全贴在屋顶上的灯具，其结构主要由智能电子镇流器（驱动器）、LED 光源及灯体（底盘和灯罩）等组成，如图 3-24 所示。

　　吸顶灯的光源有普通白灯泡、荧光灯、高强度气体放电灯、卤钨灯、LED 等。居家装饰中主要用 LED 作为光源。LED 即发光二极管，是一种能够将电能转化为可见光的固态半导体器件，它可以直接把电转化为光。LED 吸顶灯具有光效高、耗电少、寿命长、易控制、免维护、安全环保等特点，是新一代冷光源，比管形节能灯省电。

　　LED 吸顶灯按外形划分，有方罩吸顶灯、圆球吸顶灯、尖扁圆吸顶灯、半圆球吸顶灯、半扁球吸顶灯、小长方罩吸顶灯等。一般直径在 200mm 左右的吸顶灯适宜在走道、浴室内使用，而直径在 400mm 的吸顶灯则适宜安装在面积不小于

$16m^2$ 的房间顶部。LED 吸顶灯的具体安装步骤及注意事项如下：

① 以挂板作为参照，在天花板上定好位置，建议用记号笔画好位置后钻好孔，如图 3-25 所示。

② 把膨胀胶塞敲入钻好的墙壁上的孔内，如图 3-26 所示。

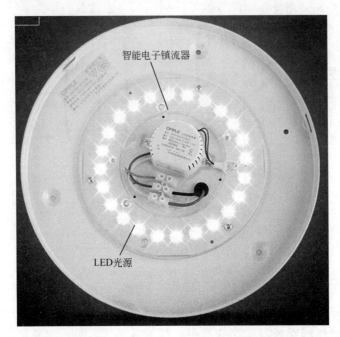

智能电子镇流器

LED光源

图 3-24　吸顶灯

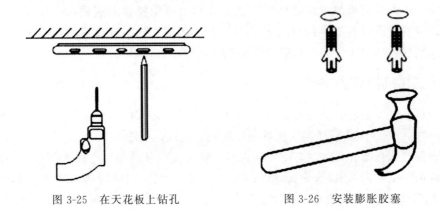

图 3-25　在天花板上钻孔　　　　　图 3-26　安装膨胀胶塞

③ 用自攻螺钉对准膨胀胶塞，顺时针钮进去，固定好挂板，螺母对准螺钉固定臂盘，如图 3-27 所示。

④ 如图 3-28 所示，将主体挂上，灯体的主线与家里的零火线相接即可完成安装。

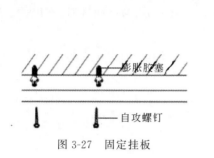

图 3-27  固定挂板

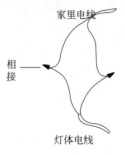

图 3-28  连接电源线

## （四）落地灯的安装

落地灯一般布置在客厅和休息区域里，与沙发、茶几配合使用，以满足房间局部照明和点缀装饰家庭环境的需求。落地灯一般由灯罩、支架、底座三部分组成。落地灯通常分为上照式落地灯和直照式落地灯。

目前市面上的落地灯发光源一般采用 LED 球泡灯，如图 3-29 所示。LED 球灯泡是由玻璃罩、基座、导热座、散热器、驱动电源、灯头和灯珠七个部件组成的。

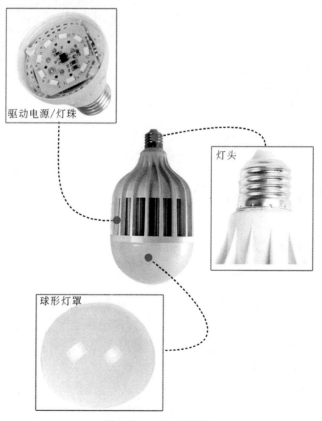

图 3-29  LED 球泡灯

LED球泡灯与LED吸顶灯的发光原理相同，具有过压保护、过流保护和短路保护等功能。灯头接口可以灵活更换为E27、E26、E14等不同规格的灯头，更具有安装简便的特点。

落地灯的安装步骤如图3-30所示。该类灯具的安装方法比较简单，虽然每个灯具的安装方法根据产品设计不同会略有差异，但是往往异曲同工。

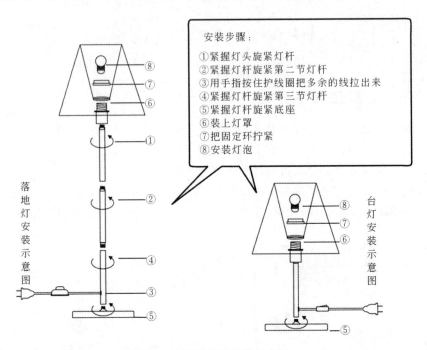

图3-30　落地灯的安装示意图

# 二、有线电视电话网络安装

## （一）有线电视的组成

### 1. 有线电视的系统组成

目前，我国的有线电视系统一般有两类：一类仅由电缆传输，另一类由电缆、光缆和微波混合传输。不管哪一类系统，它们都是由信号源和机房设备、前端设备、传输网络、分配网络、用户终端五个部分组成的整体系统，如图3-31所示。

### 2. 常用有线电视器材组成

安装室内有线电视常用器材包括同轴电缆（俗称天线）、电视分配器或分支器、电视终端盒（俗称电视插座）、机尾线和信号放大器等，如图3-32所示。

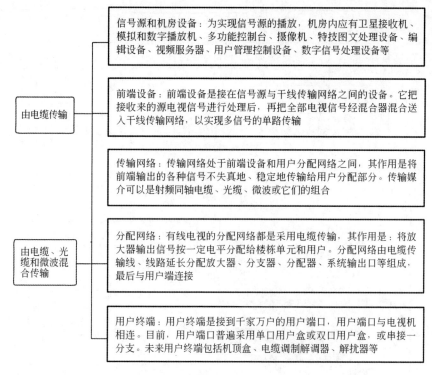

图 3-31　有线电视系统组成框图

## （二）分配器的安装

　　有线电视分配器安装是整个有线电视安装的一部分，正确周密的安装方法可以确保电视信号不会流失，给使用者提供了良好的体验。分配器、分支器的安装方法如图 3-33 所示。

　　分配器、分支器的安装步骤及注意事项如下：

　　① 首先将放大器的输出电平调到 103～105dB 之间，根据电视机的距离（即同轴电缆）算出每台电视机到放大器的距离，75-5 线缆每百米损耗 20 个电平。

　　② 在放大器输出口用一根导线将分配器与放大器输出口相连。

　　③ 根据放大器到终端的距离加入分配器，从分配器的输出口敷设 75-5 电缆到每个终端（电视机），要保证分配器到每个终端的电平信号在 65～75dB 之间，这样每台电视机就能正常地收看到电视节目。

　　④ 分配器、分支器尽可能安装在建筑物内。安装在室外时，一般距地面 2.5m 左右。不论安装在室内外，都应装入符合电波泄漏标准的防护盒内。

　　⑤ 分配器的空余端和最后一个分支器的主输出口必须接 75Ω 负载。

　　⑥ 部件接头处的电缆要留一定余量，以便今后对部件的拆卸。

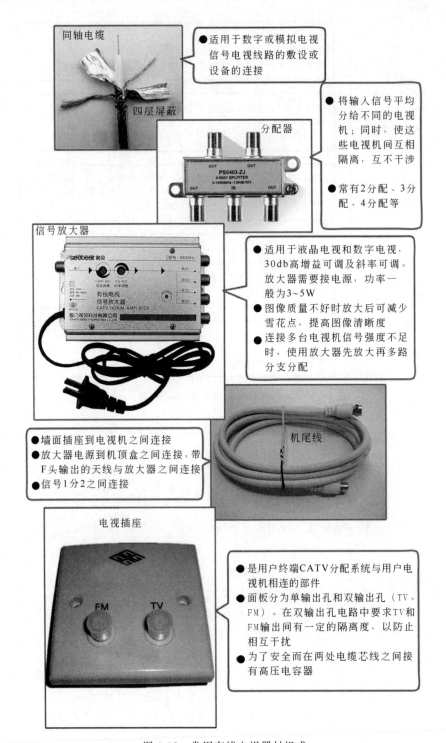

同轴电缆

● 适用于数字或模拟电视信号电视线路的敷设或设备的连接

四层屏蔽

分配器

● 将输入信号平均分给不同的电视机；同时，使这些电视机间互相隔离，互不干涉

● 常有2分配、3分配、4分配等

信号放大器

● 适用于液晶电视和数字电视，30db高增益可调及斜率可调。放大器需要接电源，功率一般为3~5W
● 图像质量不好时放大后可减少雪花点，提高图像清晰度
● 连接多台电视机信号强度不足时，使用放大器先放大再多路分支分配

● 墙面插座到电视机之间连接
● 放大器电源到机顶盒之间连接，带F头输出的天线与放大器之间连接
● 信号1分2之间连接

机尾线

电视插座

FM    TV

● 是用户终端CATV分配系统与用户电视机相连的部件
● 面板分为单输出孔和双输出孔（TV、FM）。在双输出孔电路中要求TV和FM输出间有一定的隔离度，以防止相互干扰
● 为了安全而在两处电缆芯线之间接有高压电容器

图 3-32　常用有线电视器材组成

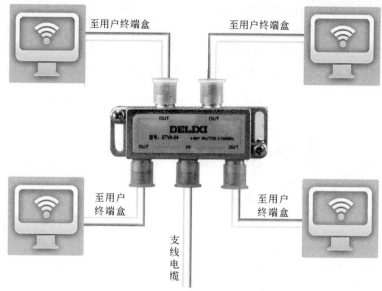

图 3-33 分配器、分支器的安装示意图

## （三）电视插座的制作与安装

电视插座按用途分，可以分为普通插座和宽频插座，如图 3-34 所示。

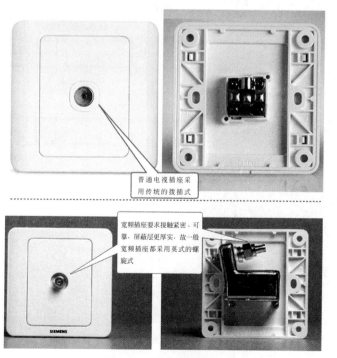

图 3-34 两种电视插座

普通插座和宽频插座的区别是能够稳定传输的频率范围不同,前者一般是450MHz以下,后者则要求到860MHz。宽频插座传输频率要求高是为了适应双向传输和未来的数字电视传输。装修时,一般应选用宽频插座,相应的同轴电缆的接插头也要用螺旋式的。宽频电视插座的安装步骤如图3-35所示。

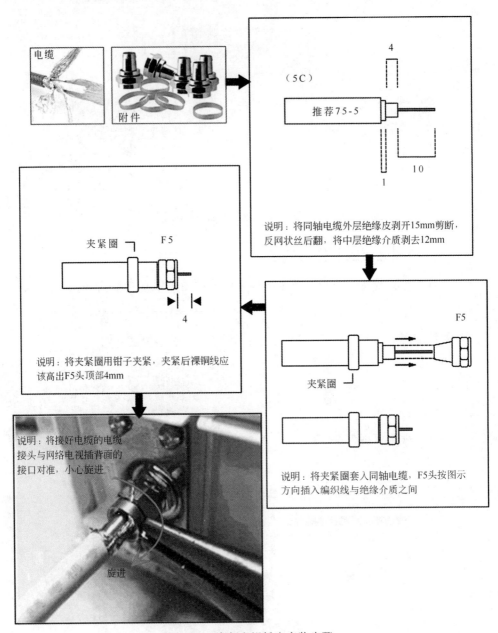

说明:将同轴电缆外层绝缘皮剥开15mm剪断,反网状丝后翻,将中层绝缘介质剥去12mm

说明:将夹紧圈用钳子夹紧,夹紧后裸铜线应该高出F5头顶部4mm

说明:将夹紧圈套入同轴电缆,F5头按图示方向插入编织线与绝缘介质之间

说明:将接好电缆的电缆接头与网络电视插背面的接口对准,小心旋进

图 3-35　宽频电视插座安装步骤

## （四）电话线的制作与安装

电话插座分为四线电话接线和二线电话接线两种方式，如图 3-36 所示。

（a）四线电话接线示意图          （b）二线电话接线示意图

图 3-36 两种电话插座接线方式

电话插接线安装步骤如图 3-37 所示。接线座上的接线端子 1～4 分别与电话插正面插口的 4 根连线一一对应（从右到左）。即接线端子 1 与插口左边的第一根连接线连通，接线端子 2 与插口左边的第二根连接线连通，依次类推。对于二线电话，两根电话线只需与接线端子 2 和接线端子 3 接紧即可。

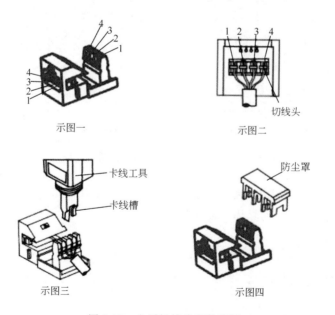

图 3-37 电话插接线安装步骤

### （五）网络线的制作与安装

现在家庭中使用的网络线一般都是双绞线，双绞线分为 T568A 和 T568B 两种线序，信息模块端接入标准分 T568A 标准和 T568B 标准两种，如图 3-38 所示。网线插座或者网线水晶头都只能在 A 和 B 中选择一种方式接线，如果一头接错就不会有反应。

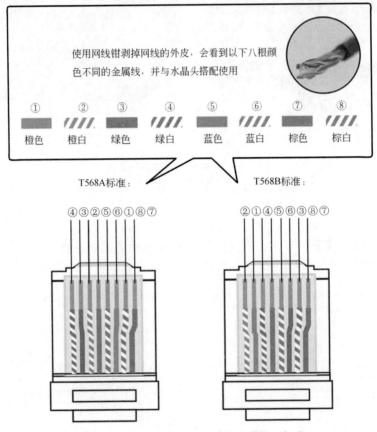

图 3-38　T568A 和 T568B 两种线序接入标准

以 T568B 线序为例，网线模块插座接线的安装步骤如图 3-39 所示。

网线模块插座接线的具体安装步骤如下：

① 首先将双绞线外套剥开裸线 50.8mm。

② 根据接线方式，将双绞线色标与插座线色标一一对应。

③ 插入线的每根解绞长度必须小于 12.7mm，按规定插入线缆后，将多余的线头切与卡脚相平。

④ 采用卡线工具将线缆插到底部。

⑤ 盖上两个防尘罩即可。

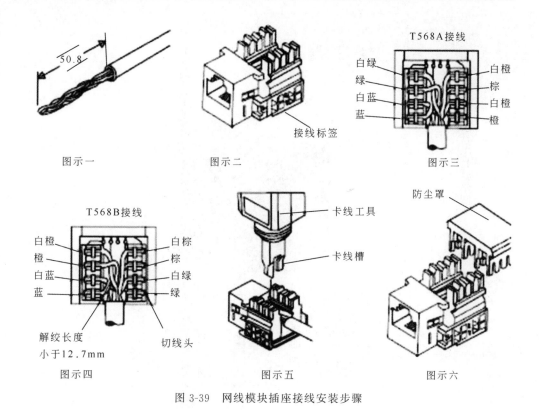

图 3-39 网线模块插座接线安装步骤

# 三、明暗装开关安装

## （一）明装开关的安装

明装开关是看得见线的走向的，直接将开关固定到墙壁上，如图 3-40 所示。明装开关的主要优势是安装时不需要预先埋线，封闭安全，接线空间大；拆卸时不损坏墙壁等。

明装开关的具体安装步骤如下：

① 用插座底盒在墙上划定需要钻孔的位置，再用记号笔进行标示。

② 用手电钻按照标示进行钻孔，打入膨胀螺塞。

③ 用一字形螺丝刀顶入插座底部小孔，将面板和底座分离。

④ 将面板上的封口取下，方便电线穿入。

⑤ 将明装底盒用螺钉固定好。

⑥ 将电源的火线、零线、地线分别接到插座的 L 端、N 端、地线端上，采用横截面积为 1.5～4mm² 的导线，导线的剥线长度为 9～11mm。

⑦ 盖上面板，安装完成。

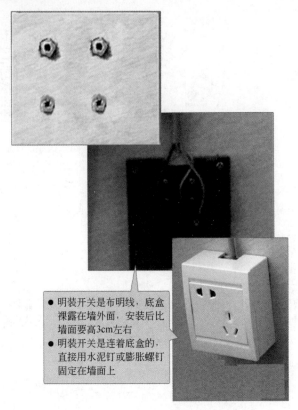

● 明装开关是布明线，底盒
裸露在墙外面，安装后比
墙面要高3cm左右
● 明装开关是连着底盒的，
直接用水泥钉或膨胀螺钉
固定在墙面上

图 3-40　明装开关安装示意图

## （二）暗装开关的安装

暗装开关是看不见线的走向的，通过埋管把线装在墙壁、梁内，如图 3-41 所示。暗装开关外形美观，居室装修应安装暗装开关。下面重点介绍暗装开关的安装步骤。

● 施工分两步操作。需要将暗装的底盒，埋到墙体内，装修完房子以后再装开关
● 墙面开槽，布管丝，底盒嵌在墙内，面板装上去后仅突出一个面板在墙表面

图 3-41　暗装开关

室内暗装开关、插座的安装步骤如图 3-42 所示。

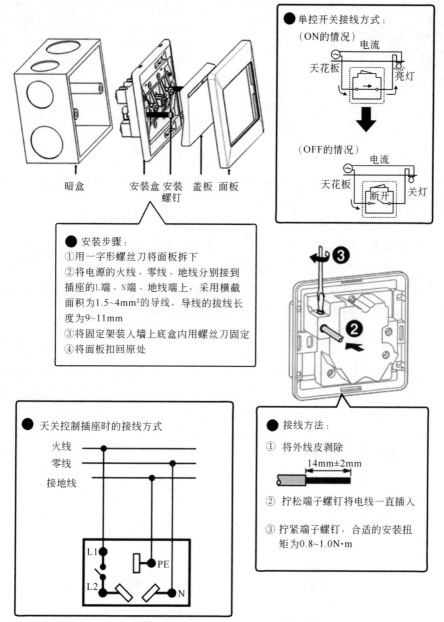

图 3-42　暗装开关、插座的安装步骤图解

居室装修暗装开关、插座的安装位置如图 3-43 所示。

暗装开关、插座的安装要求如下：

① 暗装开关、插座的面板应紧贴墙面，四周无缝隙，安装牢固，表面光滑整洁、无划伤。

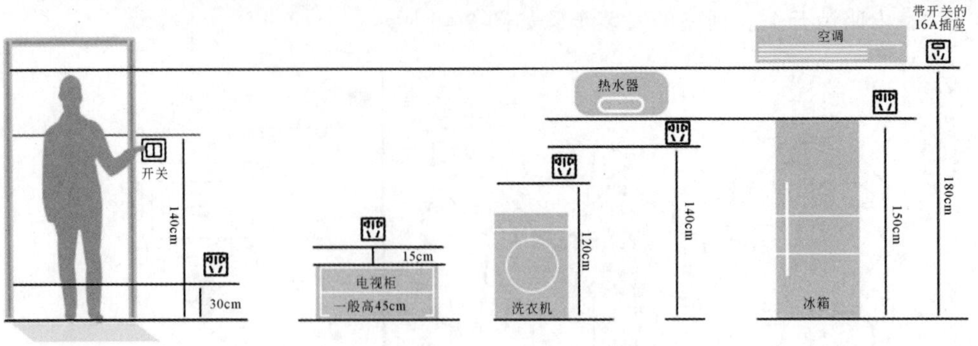

图 3-43　暗装开关、插座的安装位置

② 安装暗装开关、插座面板允许偏差：并列安装的高差不大于 0.5mm，同一房间的暗装开关、插座面板高差不大于 5mm。

③ 面板垂直度不大于 0.5mm。

④ 水平位置：距门开启方向的门框边水平位置宜为 0.15～0.2m 范围内。其与门框边的具体距离应根据土建的实际情况，将开关盒设在柱内或墙体的适当位置上。

⑤ 厨房、卫生间灯及排气扇开关应设于房间外侧；浴霸控制开关设在房间内侧；当厨房外有工作阳台时，阳台灯开关设在厨房内侧。

### （三）双控开关的安装

双控开关是指两个不同地方的开关控制同一组灯或电源。双控开关是由两个单刀双位开关组成的。多控开关就是用多个开关对一个用电设备进行控制。其实就是在双控开关的两个单刀双位开关中间串联上一个（多个）双刀双位开关。双控开关和多控开关的安装步骤与单联开关相同，但接线方式不一样，如图 3-44 所示。

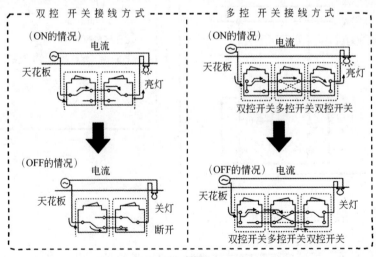

图 3-44　双控开关和多控开关接线方式

在家庭装修时，以下部位宜设置双控灯（开关）：

① 主卧灯于内侧床头与门口双控。

② 客厅主灯于客厅内外两侧双控。

③ 跃层楼梯灯于台阶上下口双控。

④ 较长通道灯于通道两端双控。

## （四）空气开关的安装

目前市面上销售的空气开关有 1～4P（极），家庭装修时应根据用户供电方式进行选择安装。一般来说，家庭装修用得较多的是 1P 或 2P 空气开关，它们的区别如图 3-45 所示。

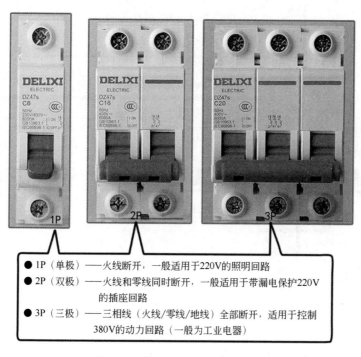

图 3-45　不同型号空气开关的区别

现代家居用电应按照照明回路、电源插座回路、空调回路分开布线，当其中一个回路（如插座回路）出现故障时，其他回路仍可以正常供电。插座回路必须安装漏电保护装置，防止家用电器漏电造成人身触电事故。在选择空气开关时，应该选择比实际电流小的配置，具体电流（即 A 值）的选择可参照如下方法：

① 住户配电箱总开关一般选择能同时断开火线和零线的 32～63A 小型空气开关，带不带漏电保护均可。

② 照明回路一般选择 10～16A 的小型空气开关。

③ 插座回路一般选择 16～20A 的带漏电保护空气开关。

④ 在空调回路中，1～1.2 匹的一般选择 16～25A 的小型空气开关，3～5 匹的柜机需要 25～32A 的小型空气开关，10 匹左右的中央空调则需要独立的 2P40A 左右的小型空气开关。

每个家庭的实际用电器功率不一样，空气开关的选择具体要以实际电路设计为准。选择好空气开关型号和电流后，就可以进行安装了。空气开关安装方法如图 3-46 所示。

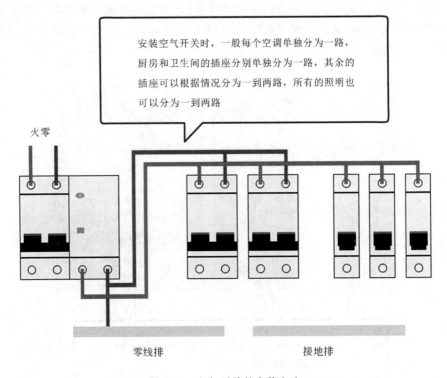

图 3-46　空气开关的安装方法

安装空气开关时，一般每个空调单独分为一路，厨房和卫生间的插座分别单独分为一路，其余的插座可以根据情况分为一到两路，所有的照明也可以分为一到两路。

### （五）拉线开关的安装

新式拉线开关主要用于壁灯、床头灯等的控制，如图 3-47 所示。

拉线开关的安装非常简单，拉线开关内不存在零线与火线之分，它的两个金属触点分别接火线 L 进和火线 L 出，两线并排走。安装时，零线 N 直接进灯头，火线 L 通过开关进灯头即可。

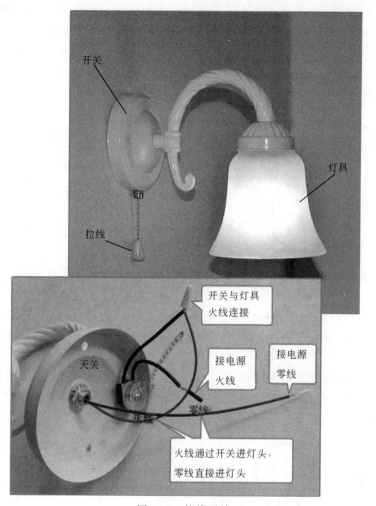

图 3-47　拉线开关

## （六）声控开关的安装

声控开关是在特定环境光线下采用声响效果激发拾音器进行声电转换来控制用电器的开启，并经过延时后能自动断开电源的节能电子开关。在白天或光线较亮时，声控开关处于关闭状态；在夜晚或光线较暗时，声控开关处于预备工作状态。当有人经过该开关附近时，脚步声、说话声、拍手声均可将声控开关启动（灯亮），延时一定时间后声控开关自动关闭（灯灭）。

声控开关由传声器 BM、声音信号放大、半波整流、光控、电子开关、延时和交流开关电路组成。图 3-48 所示为典型声控开关工作原理图。在白天的时候，由于光敏电阻的阻值较小，就会屏蔽掉传声器的信号输入。这样即使有很大的声音，但是因为光敏电阻的下拉导致信号无法继续传送，所以白天的时候不亮。在夜晚的时候，光敏电阻阻值变大。此时如果有较大的声音，声音会通过传声器转化为电信号，然后后级的放大电路将此电信号放大。最后推动晶闸管导通，此时灯泡就会点亮。在晶闸管驱动电路中有一个阻容放电电路，即为延时电路。电容值的大小和电阻值的大小都会影响到延时量的变化。当电容器中的电荷放尽时，晶闸管就会在交流过零后自动关闭，此时灯泡就会熄灭了。

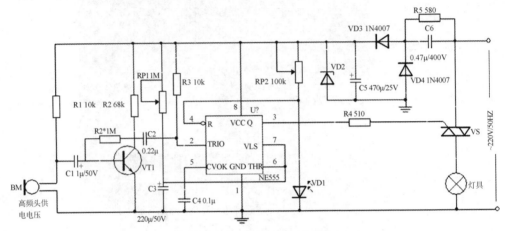

图 3-48　声控开关工作原理图

声控开关的安装方法非常简单，接线方式与普通开关完全相同，可直接替换原来的 86 型普通开关。需要注意的是，一般的声控开关对灯具的类型和功率有要求，规定灯具的功率在特定范围内方可使用。声控开关接线方式如图 3-49 所示。

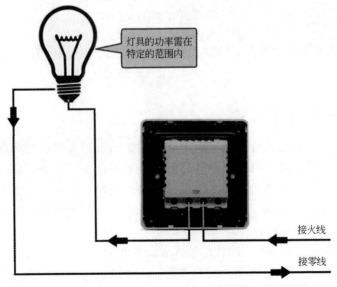

图 3-49　声控开关接线方式

### （七）红外线感应开关的安装

红外线感应开关是感应开关的一种，是当有人从红外感应探测区域经过时而自动启动的开关。红外线开关主要通过感应人体体温来实现开关作用，适用于走廊、楼道、仓库、车库、地下室、卫生间等场所。

红外线感应开关的主要器件为人体热释电红外传感器和高频变压器等，如图 3-50 所示。人体都有恒定的体温（一般在 37℃），所以会发出特定波长为 $10\mu m$ 左右的红外线。被动式红外探头就是靠探测人体发射的 $10\mu m$ 左右的红外线而进行工作的。

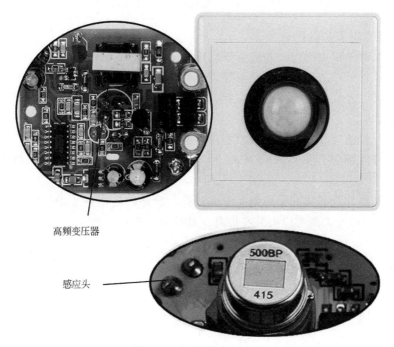

高频变压器

感应头

图 3-50 红外线感应开关

红外线感应开关与普通开关相比，具有如下特点：

① 是基于红外线技术的自动控制产品。人不离开且在活动，开关持续导通；人离开后，开关延时自动关闭负载，人到灯亮，人离灯熄，安全节能。

② 具有过零检测功能：无触点电子开关，延长负载使用寿命。

③ 应用光敏控制，开关自动测光，光线强时不感应。

红外线感应开关可用于白炽灯、节能灯、荧光灯和 LED 等光源的控制。红外线感应开关接线方式与普通开关类似，只对火线 L 进行控制，接线为火线 L 进、火线 L 出。图 3-51 所示为红外线感应开关控制多盏灯具接线方式。

红外线感应开关是通过检测人体红外线的有无来工作的，一般安装在室内。而红外线感应开关的误报率与安装位置和方式有极大的关系，红外线感应开关安

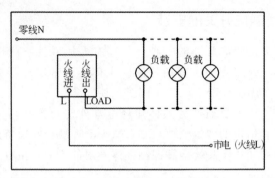

图 3-51 红外线感应开关接线方式

装时应该注意以下几点：

① 安装时勿带电操作，等安装好后再加电。

② 为了保证产品良好性能和电气寿命，建议不要超负荷使用。

③ 安装红外线感应开关时，应该远离暖气、空调、冰箱、火炉等空气温度变化敏感的地方。

④ 红外线感应开关探测范围内不得有隔屏、家具、大型盆景或其他隔离物。

⑤ 红外线感应开关不要直对窗口，防止窗外的热气流扰动和人员走动引起误报。

⑥ 顶装红外线感应开关离地面不宜过高，合适的高度在 2.4～3.1m 之间。而墙装红外线感应开关则可以安装在原开关的位置，直接替换。

# 四、水管安装

## （一）排水管的安装

### 1. 排水管配件的选用

现代家居室内排水管一般采用 PVC 或 PVC-U 管材或管件，管材、管件连接可采用粘接，施工方法简单，操作方便，安装工效高。常用的 PVC 下水管规格有 DN40、DN50、DN75、DN110、DN160 等。常用的 PVC 管件有三通（包括异径三通）、90°弯头、45°弯头及返水弯和伸缩节等。具体 PVC 下水管件如图 3-52 所示。

### 2. PVC 管材与管件的连接方法

PVC 管材与管件的连接方式非常简单。先将 PVC 排水管外壁和 PVC 管件内壁擦干净（不能有灰尘杂质），在 PVC 排水管外壁和内壁处涂上 PVC 专用胶水，且涂抹均匀。把 PVC 排水管和 PVC 管件对接，安装时稍微用些力，尽量达到底部，这样就连接完成了，如图 3-53 所示。

图 3-52 PVC 排水管相关配件

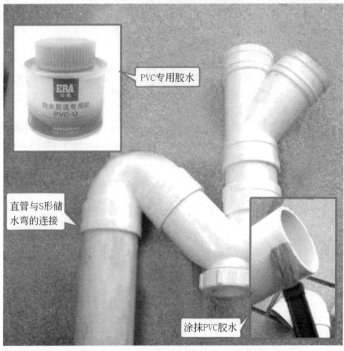

图 3-53 PVC 管材与管件的连接方法

### 3. 室内排水管的布局

室内排水管的安装应包括厨房下水、卫生间下水、阳台下水等。室内排水管的布局及部分管材、管件的应用如图 3-54 所示。

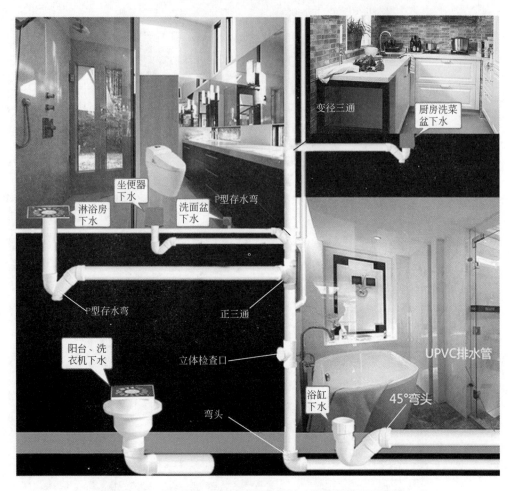

图 3-54　室内排水管布局及部分管材、管件的应用示意图

### 4. 厨房下水和卫生间下水的安装方法

厨房下水主要有下排水和侧排水两种。下排水是排水口在地面上，下水管竖着穿过楼板，管道直接通向楼下；侧排水的下水口在厨房主管道上，在地面以上的下水管有一部分横着通向主管道，如图 3-55 所示。

厨房下水管一般使用 DN50 的返水弯，下排水方式的安装方法如图 3-56 所示，由直管、弯头、伸缩节和返水弯等连接而成。要是还有其他下水，则需要增加一个斜三通，这样水流得通畅。

接厨房主
下水管道

图 3-55 厨房侧排水方式管道的连接

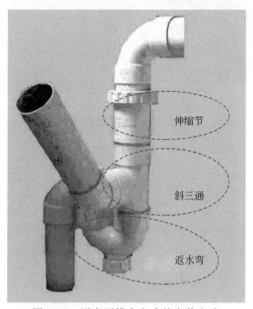

伸缩节

斜三通

返水弯

图 3-56 厨房下排水方式的安装方法

厨房侧排水的下水管横着连接在主下水管中，并且在横管上接45°弯头，接着接半个三角形的返水弯，然后接其他连接管道。侧排水一般只能装一个返水弯。

图 3-57 专用侧排水下水

也可以从建材市场买来专用的侧排水下水直接进行安装，如图 3-57 所示。

卫生间排水管采用的 PVC 管的直径要比厨房下水管大，坐便器排污一般采用 DN110 直径的 PVC 管，洗衣机、洗面盆、地漏下水管直径一般为 DN75。各下水端都应安装返水弯，以防止下水道返味。各分路下水管通过异径 PVC 管件连接，最后接通至主排水管。图 3-58 所示是卫生间排水管的安装。

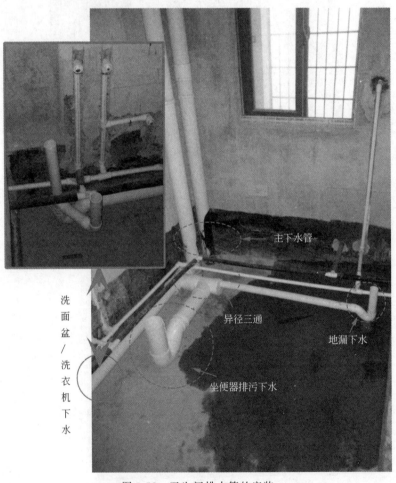

图 3-58 卫生间排水管的安装

在卫生间下水管道安装时要考虑家中洗衣机用水龙头安装位置、下水的布置等，同时也要注意电源插座的位置是否合适。

## （二）水表的安装

水表是记录自来水用水量的仪表，装在水管上。当用户放水时，水表上指针或字轮转动指出通过的水量。水表的种类很多，水表按安装方式可选装水平安装水表和立式安装水表，按实用功能可分为普通水表和带电子装置的智能水表。民用水表一般安装 15～25mm 的小口径水表。

为了使水表计量准确可靠，必须正确安装水表。下面具体介绍民用水表的安装步骤及注意事项：

① 水表应安装在室内，室外使用时应有防雨、防晒、防冻等措施，避免安装在有腐蚀性气体的环境中。

② 在新敷设的管道上安装水表前，必须将管道内的杂物冲洗干净后再安装，因为麻丝、管道内壁的铁瘤、沉淀的泥沙会使水表变慢或停走。

③ 安装水表的场所应尽可能便于抄读和换表。水表度盘应向上，不得倾斜，以免造成水表灵敏度降低。

④ 安装时应让水表表壳上的方向与管道内水的流向保持一致，防止装反。

⑤ 普通机械水表基本的工作原理是：通过自来水流动时产生的动力将水表内的齿轮带动，水表指针在齿轮的带动下旋转，从而显示用水量。集中设置在室外的普通水表组长期受到日晒雨淋，水表内的齿轮长时间处于高温状态，容易变形、老化，大大影响水表的计量精确度。因此，用户室外安装的普通水表应安装保护盒。

⑥ 安装水表时，要严格按照施工规范安装，水表上游（表前）应有 3～5 倍水表直径的直线管段，水表下游应有高出水表的部位（如水龙头）或保持一定的压力以使水表始终在充满水的管道条件下运行。直管段直径与水表直径一致，可减少因管网压力波动产生的水表计量不准。以下安装方法不符合施工规范：

a. 在阀门后紧接着就安装水表。

b. 应该水平安装的水表立起来安装。

c. 为了读数方便，将应朝上的度盘向侧面等。

⑦ 在安装的水表后面应增加一个止回阀，以防止水表后面管道中的水回流而造成水表损坏或污染供水管网，如图 3-59 所示。安装水表时，还要考虑安装伸缩节和过滤网。

⑧ 智能水表（见图 3-60）是在普通机械水表上增加了电子控制电路和数据采集电路，故安装时应防潮防浸水。智能水表严禁安装在地下表井内，还要做到水表井能排水、通风，保持水表井干燥。

⑨ 智能水表需要更换电池，更换之后记得将防潮盖盖好，并拧紧螺钉。

在水表去住户端的管
道处应加装止回阀

图 3-59　加装止回阀

内部芯片采用
环氧树脂灌封

图 3-60　智能水表

### （三）阀门的安装

　　家装常用的阀门主要有闸阀、球阀和角阀等形式，一般为铜制或铁制。由于铜合金的力学性能好，具有不易生锈、耐蚀性强的优点，因此铜制阀门已渐渐取代铁制阀门。

### 1. 闸阀的安装

闸阀基本用于家中管道和水表的连接，主要有 DN25、DN20 和 DN15 等规格，如图 3-61 所示。

(DN25 1寸)　　(DN20 6分3/4)　　(DN15 4分1/2)

图 3-61　常用闸阀

家装用闸阀与管道的连接一般采用螺纹连接方式。螺纹连接是一种简便的连接方法，常用于小阀门。阀体按各螺纹标准加工，有内螺纹和外螺纹两种，与管道上螺纹对应。螺纹连接分为直接密封和间接密封两种情况，如图 3-62 所示。

生料带

●直接密封：内外螺纹直接起密封作用。为了确保连接处不漏，往往用铅油、线麻和聚四氟乙烯生生料带填充

● 间接密封：即采用PP-R活接的方式，螺纹旋紧的力量传递给两平面间的垫圈，让垫圈起密封作用

图 3-62　闸阀的两种连接方式

闸阀安装前应进行外观检查,其强度和严密性能试验合格方可使用。闸阀安装位置、高度、进出口方向必须符合设计要求,连接应牢固紧密。安装在保温管道上的各类手动阀门,其手柄均不得向下。

### 2. 球阀的安装

球阀在管路中主要用来切断、分配和改变介质的流动方向,它只需要用旋转90°的操作和很小的转动力矩就能关闭严密。球阀的截止作用是靠金属球体在介质的作用下,于塑料阀座之间相互压紧来完成的。球阀最适合作开关、切断阀使用,如在家装中用于管道和热水器的连接。由于球阀启闭比闸阀方便,目前管道和水表的连接也采用球阀的方式。

球阀按材质分为塑料球阀、不锈钢球阀和铜球阀等,家装中常用不锈钢球阀或铜球阀。铜球阀分为轻型铜球阀、中型铜球阀、重型铜球阀,其规格参数如图3-63所示。三种铜球阀的用法一样,螺纹也是相同的,区别在于轻型铜球阀壁厚和耐压不一样,适用于低压过渡使用。建议家装中使用重型球阀或中型球阀。

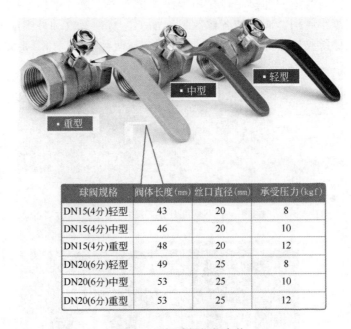

| 球阀规格 | 阀体长度(mm) | 丝口直径(mm) | 承受压力(kgf) |
|---|---|---|---|
| DN15(4分)轻型 | 43 | 20 | 8 |
| DN15(4分)中型 | 46 | 20 | 10 |
| DN15(4分)重型 | 48 | 20 | 12 |
| DN20(6分)轻型 | 49 | 25 | 8 |
| DN20(6分)中型 | 53 | 25 | 10 |
| DN20(6分)重型 | 53 | 25 | 12 |

图 3-63 铜球阀规格参数

家装安装的球阀与闸阀一样,与管道的连接也采用螺纹连接,也分为直接密封和间接密封两种方式。以内螺纹球阀为例,采用前一种方式安装时,首先在螺纹上缠绕聚四氟乙烯生料带,然后直接与外螺纹接头对接即可。采用后一种连接方式即是用PP-R活接扣通过硅胶密封垫圈连接(见图3-64),安装时调整好球阀的位置,用PP-R热熔机焊接PP-R原料熔接端与管道连接即可;再次拆装时,只需拧下球阀两端的活接扣即可将球阀卸下,方便维修和更换。

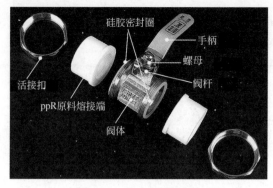

图 3-64　PP-R 活接球阀

### 3. 角阀的安装

角阀又称三角阀，与球阀类似，其结构和特性是由球阀修正而来的。角阀与球阀的区别在于，角阀的出口与进口成 90°直角。角阀是家装中必不可少的水暖器材，主要用于软管的连接以及用于水槽、洗面盆、浴缸、坐便器、热水器等的安装，以便于整体或局部维修。

角阀分为冷热角阀两种，以蓝、红标志区分，主要是为了区分哪个是热水，哪个是冷水。家装中角阀的使用量如图 3-65 所示。

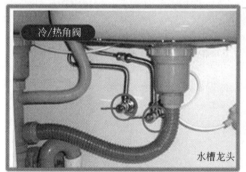

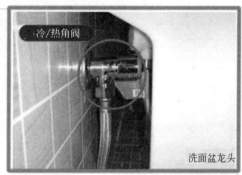

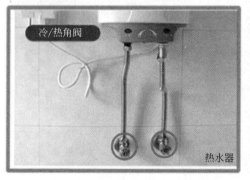

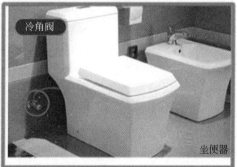

图 3-65　角阀的使用

角阀的阀体有进水口、水量控制口、出水口三个口，一般为底进侧出。角阀安装步骤及注意事项如图 3-66 所示。

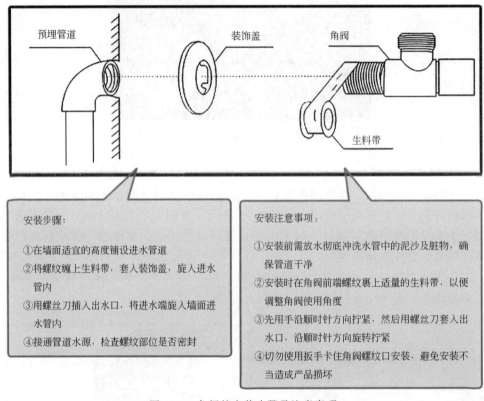

安装步骤：

①在墙面适宜的高度铺设进水管道

②将螺纹缠上生料带，套入装饰盖，旋入进水管内

③用螺丝刀插入出水口，将进水端旋入墙面进水管内

④接通管道水源，检查螺纹部位是否密封

安装注意事项：

①安装前需放水彻底冲洗水管中的泥沙及脏物，确保管道干净

②安装时在角阀前端螺纹裹上适量的生料带，以便调整角阀使用角度

③先用手沿顺时针方向拧紧，然后用螺丝刀套入出水口，沿顺时针方向旋转拧紧

④切勿使用扳手卡住角阀螺纹口安装，避免安装不当造成产品损坏

图 3-66　角阀的安装步骤及注意事项

## （四）卫生器具的安装

### 1. 洗面盆的安装

洗面盆是卫浴空间必不可少的部件之一。目前，市面上的洗面盆类型比较多，按安装方式可以分为台式、立柱式和壁挂式。其中，台式洗面盆又分为台上盆和台下盆两种。不同洗面盆，其安装方法也不同。下面以台上盆和立柱盆为例，介绍洗面盆的安装方法。

（1）台上盆的安装

台盆突出台面的称为台上盆。台上盆的安装比较简单，只需按安装图在台面预定位置开孔，然后将盆放置于孔中用玻璃胶将缝隙填实即可。台上盆具体安装步骤如图 3-67 所示。

在一般情况下，在宽度小于 70cm 的空间安装时，不建议选择台上盆。因为安装后会显得局促，视觉效果差，且可供选择的产品种类少。

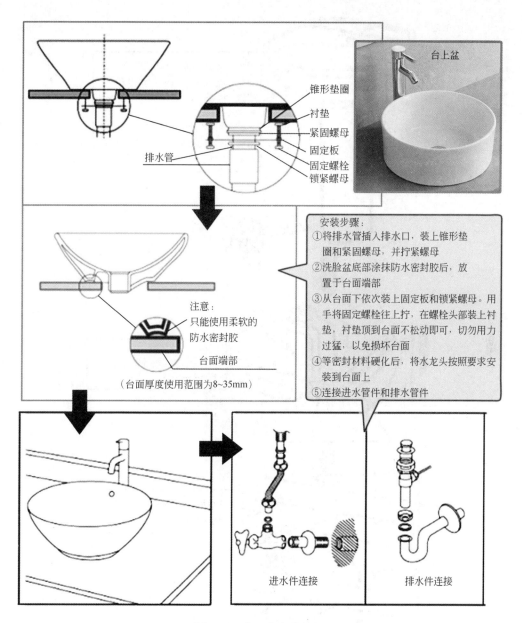

图 3-67　台上盆安装步骤

（2）立柱盆的安装

立柱盆由陶瓷洗面盆和立柱盆组成，在地面上以竖立式状态呈现，置于卫生间内用于洗脸、洗手。安装立柱盆时陶瓷洗面盆表面保持水平与墙壁靠拢，安装时螺钉不宜太紧，以防破损。立柱盆具体安装步骤及注意事项如下：

① 首先确定安装位置，如图 3-68 所示。

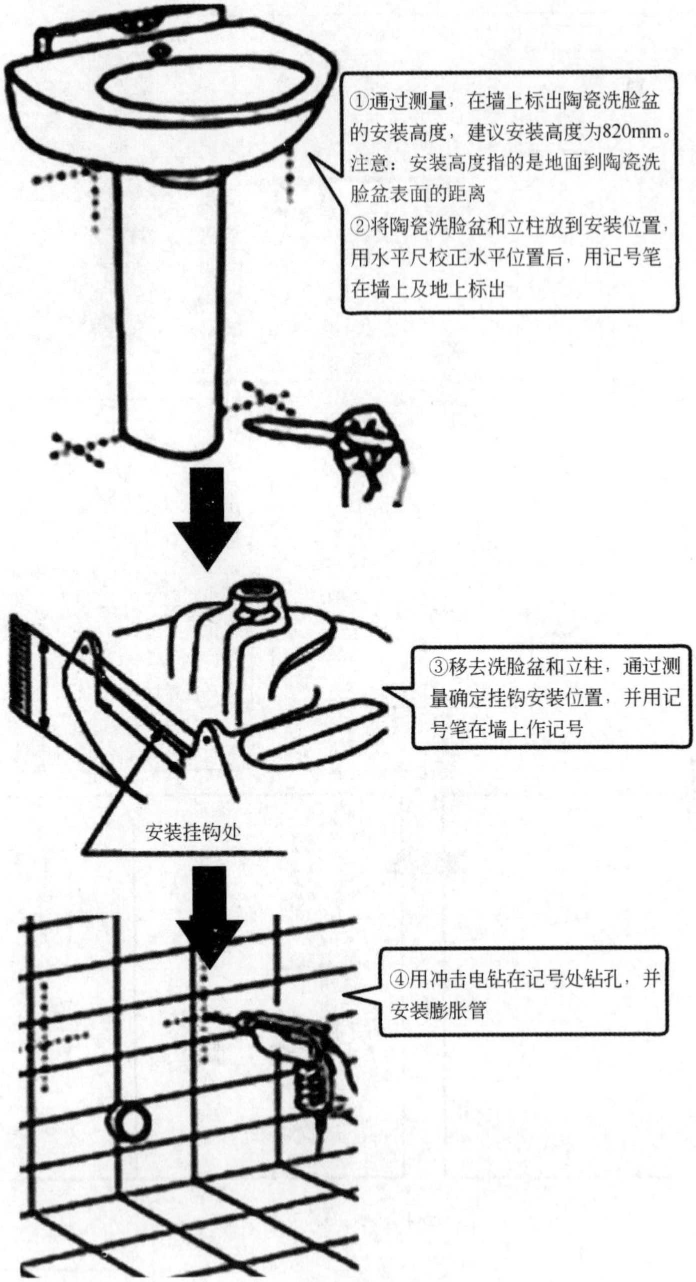

①通过测量，在墙上标出陶瓷洗脸盆的安装高度，建议安装高度为820mm。注意：安装高度指的是地面到陶瓷洗脸盆表面的距离
②将陶瓷洗脸盆和立柱放到安装位置，用水平尺校正水平位置后，用记号笔在墙上及地上标出

③移去洗脸盆和立柱，通过测量确定挂钩安装位置，并用记号笔在墙上作记号

安装挂钩处

④用冲击电钻在记号处钻孔，并安装膨胀管

图 3-68 确定安装位置

② 安装立柱及洗面盆，如图 3-69 所示。

③ 洗面盆一般采用金属件固定和陶瓷孔直接固定，两种安装方法如图 3-70 所示。

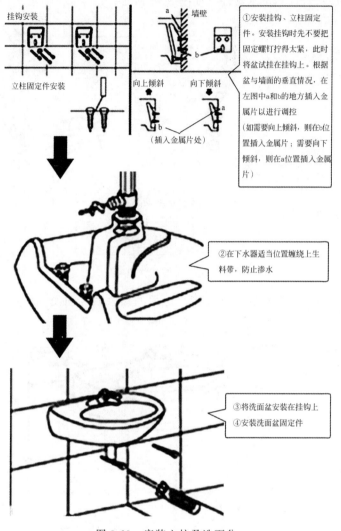

图 3-69　安装立柱及洗面盆

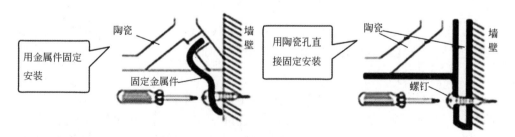

图 3-70　洗面盆的两种固定方法

④ 连接进水管件和排水管件，如图 3-71 所示。

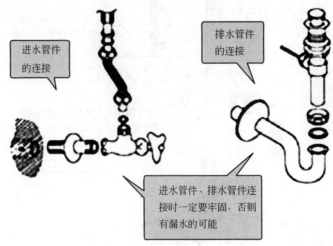

进水管件
的连接

排水管件
的连接

进水管件、排水管件连
接时一定要牢固，否则
有漏水的可能

图 3-71　连接进水管件和排水管件

⑤ 在洗面盆上口与墙面、立柱脚与地面的接触面之间使用防霉硅胶密封，如图 3-72 所示。

涂胶处

防霉硅胶

涂胶处

图 3-72　使用防霉硅胶密封

⑥ 至此，立柱式洗面盆的安装工序全部完成。值得注意的是，立柱式洗面盆安装应牢固，立柱脚不起支撑作用，只起装饰作用。

**2. 坐便器的安装**

坐便器属于建筑给排水材料领域的卫生器具。坐便器的主要技术特征在于：在现有坐便器 S 形存水弯上部开口安装一个清扫栓，（类似于排水管道上安装检查口或清扫口清理淤堵物），坐便器发生淤堵后，用户即可以利用此清扫栓清除淤堵物。坐便器按结构可分为分体坐便器和连体坐便器两种，分体坐便器所占空间大些，连体坐便器所占空间要小些。

下面以连体坐便器为例，介绍坐便器的安装方法。连体坐便器部件安装图如图 3-73 所示。

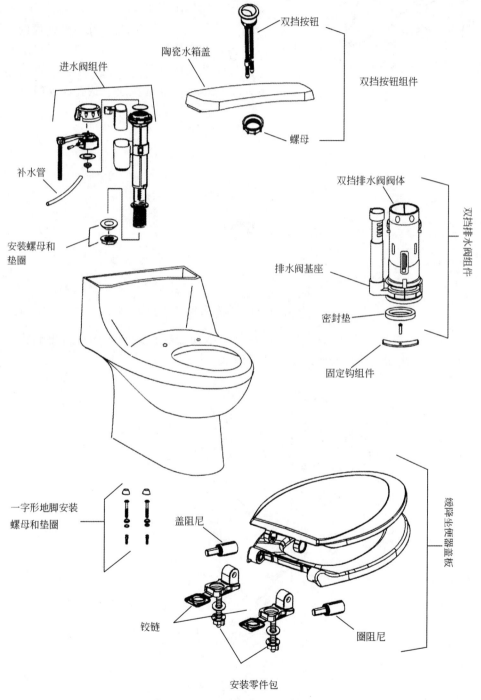

图 3-73　连体坐便器部件安装图

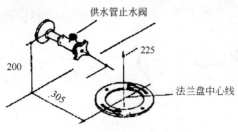

图 3-74　安装供水管止水阀

连体坐便器具体安装步骤如下：

① 首先安装供水管止水阀，如图 3-74 所示。

② 将坐便器的排污孔对准地面的排污孔，调整好坐便器的位置，用铅笔在安装孔的地方作上标记，然后根据铅笔的标记用手电钻在地上钻孔，如图 3-75 所示。

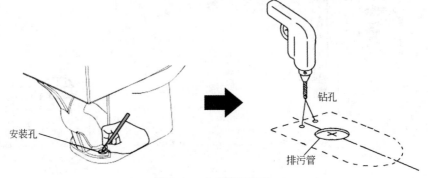

图 3-75　坐便器预安装

③ 安装坐便器，如图 3-76 所示。注意：坐便器安放好后，不可再提起或晃动，否则会损坏密封垫的防水效果，造成漏水。

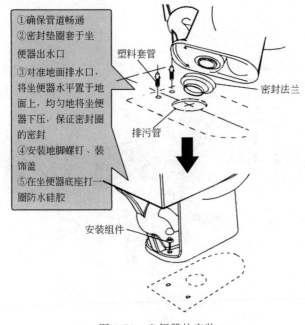

①确保管道畅通
②密封垫圈套于坐便器出水口
③对准地面排水口，将坐便器水平置于地面上，均匀地将坐便器下压，保证密封圈的密封
④安装地脚螺钉、装饰盖
⑤在坐便器底座打一圈防水硅胶

图 3-76　坐便器的安装

④ 连接供水管与水箱，如图 3-77 所示。

⑤ 打开角阀，冲水几次检查水件。

⑥ 最后安装好盖板，如图 3-78 所示。

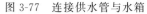
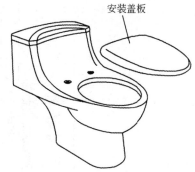

图 3-77　连接供水管与水箱　　　　图 3-78　安装坐便器盖板

## （五）水龙头的安装

### 1. 普通单孔水龙头的安装

普通单孔水龙头包括单孔面盆水龙头、高身单孔面盆水龙头、单孔菜盆水龙头和单孔妇洗器水龙头等。普通单孔水面盆水龙头适合面盆只设计为一个孔水龙头的安装，其安装实物组件及安装示意图如图 3-79 所示。

安装普通单孔面盆水龙头时，一定要选配专用角阀，而角阀一定要和墙出水的冷热水管固定。安装之前应提前冲洗埋在墙内的水管。普通单孔面盆水龙头具体安装步骤如图 3-80 所示。

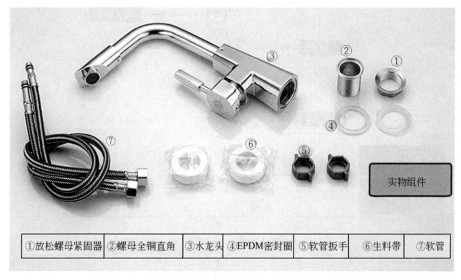

| ①放松螺母紧固器 | ②螺母全铜直角 | ③水龙头 | ④EPDM密封圈 | ⑤软管扳手 | ⑥生料带 | ⑦软管 |

图 3-79

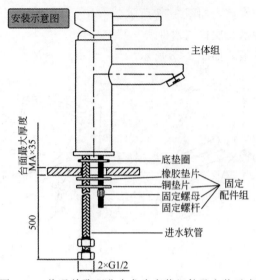

图 3-79 普通单孔面盆水龙头安装组件及安装示意图

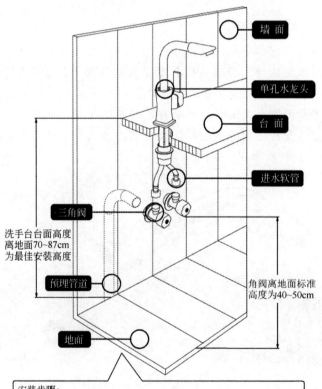

图 3-80 普通单孔面盆水龙头的安装步骤

## 2. 淋浴、浴缸水龙头(挂墙)的安装

沐浴水龙头分为普通沐浴水龙头和带出水口嘴沐浴水龙头，两种水龙头的安装说明如图 3-81、图 3-82 所示。

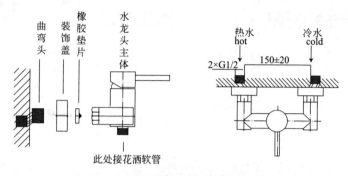

图 3-81 普通沐浴水龙头安装说明

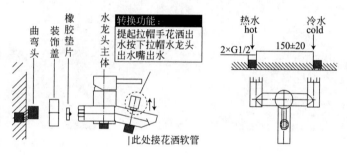

图 3-82 带出水口嘴沐浴水龙头安装说明

安装沐浴水龙头的步骤如下：

① 先在墙上预留两个水管出水接口（左边接热水，右边接冷水），两接口中心距离为 150mm±20mm。

② 将曲弯头的 G1/2 接头用密封胶带缠上，再与水管接口连接上。

③ 将装饰盖装入曲弯头上，将橡胶垫片装入主体的螺母内，再将螺母与曲弯头连接紧即可。

## （六）洗菜盆的安装

厨房的洗菜盆俗称水槽，分为单盆和双盆，两种洗菜盆的安装方法基本相同。洗菜盆按安装方式可分为台下盆、平嵌式和台下盆三种，如图 3-83 所示。

下面以双盆为例，介绍洗菜盆的安装步骤如下：

① 首先将皂液器安装到洗菜盆的相应位置，并用手拧紧，如图 3-84 所示。

② 将水龙头安装到洗菜盆孔内，并用简易安置器固定住水龙头，如图 3-85 所示。

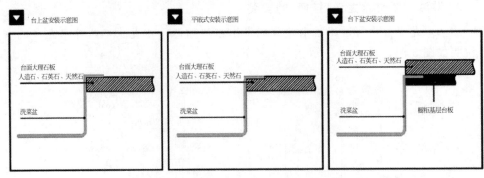

图 3-83　洗菜盆的安装方式

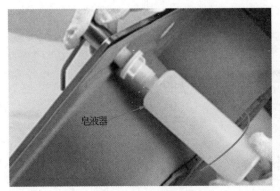

图 3-84　安装皂液器

图 3-85　安装水龙头

③ 把两根冷水进水管和热水进水管安装在水龙头上，如图 3-86 所示。

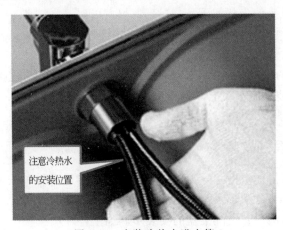

图 3-86　安装冷热水进水管

④ 将两个下水器分别安装到洗菜盆出水孔内，拧上封水垫，如图 3-87 所示。

⑤ 将下水管道（内有皮套）安装到下水器上，并拧紧，如图 3-88 所示。

图 3-87　安装下水器

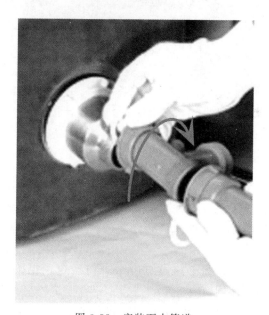

图 3-88　安装下水管道

⑥ 将涂了密封胶的溢水器连接到洗菜盆和下水管道上，并用工具把溢水器固定螺钉拧紧，如图 3-89 所示。

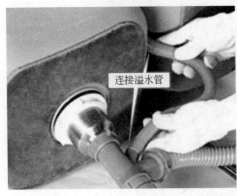

图 3-89   安装溢水器

⑦ 将洗菜盆边缘涂上密封胶缓缓放入，接入各个管道即可，如图 3-90 所示。

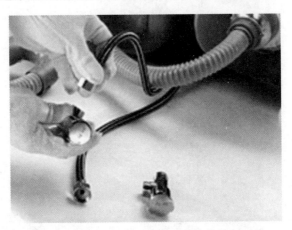

图 3-90   安装洗菜盆和连接管道

## （七）浴盆的安装

浴盆是卫生间的主要设备，其形式、大小有很多类别，按浴室中的布置形式有搁置式、嵌入式、半下沉式三种。搁置式即把浴盆靠墙角搁置，这种方式施工方便，容易检修，适合在楼层地面已装修完的情况下选用。嵌入式是将浴盆嵌入台面里，台面有利于放置洗浴用品，但其占用空间较大。半下沉式是把浴盆的 1/3 埋入地面下，浴盆在浴室地面上约为 400mm，与搁置式相比出入浴盆比较轻松方便，适合于年老体弱者使用。

下面以搁置式浴盆为例，介绍浴盆的安装方法。

安装浴盆需要提前准备的工具有扳手、电钻、螺丝刀、尺子、生料带等。安装时应先测量好墙面的规格，进行定位，将各部件位置确定后（包括电源插座、冷热水管预留口、地面排水孔等，如图 3-91 所示），即可进行如下步骤的安装。

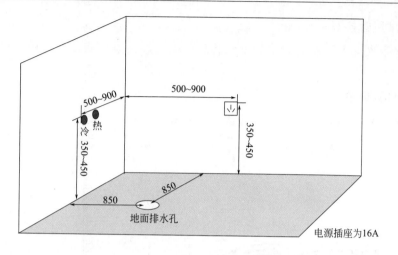

图 3-91 浴盆水电安装示意图

### 1. 安装花洒

将不锈钢纺织软管一端与花洒连接，另一端与浴盆底部阀芯接口相连，如图 3-92所示。

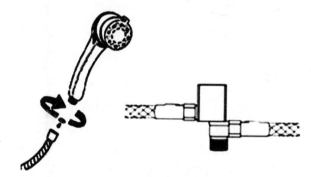

图 3-92 安装花洒

### 2. 冷热进水管接驳

从浴盆底部取出冷热水管，通过直通水件接驳卫生间预留的冷热水接口，如图 3-93 所示。

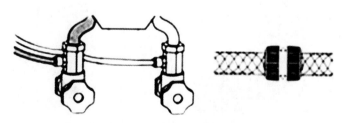

图 3-93 冷热进水管接驳

### 3. 排污管接驳

把浴盆底部下水器上固定的排水管另一端头放入卫生间排污口中，如图3-94所示。

### 4. 垫脚调节

根据卫生间地面水平情况旋转调节垫脚高低，达到盆体水平及平稳即可，如图3-95所示。

图 3-94 排污管接驳                图 3-95 垫脚调节

## （八）地漏的安装

地漏作为家庭住宅中的一个主要排水系统的组成部分，地漏如果安装不当，可能会造成地面积水，甚至渗水上来。下面具体介绍地漏的安装步骤：

① 安装的地漏应根据下水管离地面的距离选择，如图3-96所示。在一般情况下，卫生间干区、厨房、阳台安装高度从地面开始测量到水管深至少为6cm；而卫生间、沐浴室安装高度从地面开始测量到水管深至少为12cm。

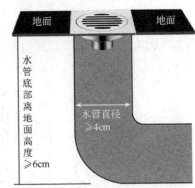

图 3-96 地漏与下水管距离的选择

② 找好水平和坡度，选好安装地漏出水口。

③ 量好尺寸，确定好地漏准确的位置，根据尺寸切割周围的瓷砖。

④ 安装地漏之前，应将地漏防臭芯取出。

⑤ 确保地漏能准确固定水泥周边，地漏应比地面略低，以便水能完全流进地漏。再将地漏与下水管结合。

⑥ 固定好地漏，铺贴完后轻轻敲打加固地漏，确保不松动。

⑦ 把地漏的防臭芯放入。

⑧ 盖上地漏的盖板，完成安装。

⑨ 如果是洗衣机地漏，将洗衣机接头插入地漏盖板，再向下插入防臭芯，即可固定。

**课堂三**

# 检 修 方 法

## 一、水电管线通断的检查方法

### （一）水管通水试验检查方法

水路安装是家装过程中非常重要的一项，如果水管安装不好，很容易给今后生活带来极大不便，因此水管安装完成后应进行通水试验。通水试验包括对给水管和排水管进行测试，具体方法如下。

**1. 检测给水管的通断**

主要测试各个出水口的使用情况。打开所有水龙头、热水器等，测试是否所有的出水口都能出水通畅。如果遇到出水不畅的情况应该及时处理，以免留下后患。

**2. 检测排水管的通断**

对于室内排水，可在交工前做通水试验，模拟排水系统的正常使用情况，检查其有无渗漏及堵塞。具体检测方法如下：

① 当给排水系统及卫生器具安装完，并与室外供水管接通后，将全部卫生设施同时打开 1/3 以上，此时排水管道的流量大概相当于高峰用水的流量。

② 对所有管道和接头检查有无渗漏，各卫生器具的排水是否通畅。

③ 对于有地漏的房间，可在地面放水，观察地面水是否能汇集到地漏顺利排走，同时到下面一层观察地漏与楼板结合处是否漏水。

④ 如果限于条件不能全系统同时通水，也可采用分层通水试验，分层检查横支管是否渗漏堵塞。分层通水试验时应将本层的卫生设施全部打开（也可用本层的消火栓用水代替做通水试验）。

### （二）电路通断测试方法

家装水电安装完工之前，应对电路的通断情况进行测试，测试对象包括强电部分和弱电部分。

### 1. 插座通断的测试方法

插座可采用显屏式或数字式测电器测试通断，如图 3-97 所示。测试时，将测电器直接插到插座上，就可以测试出导线连接是否正确。

### 2. 照明线路通断测试方法

测试照明线路的通断方法非常简单，只需采用亮灯方式即可进行判断。

### 3. 绝缘电阻的测试方法

对于室内新安装的强电系统，需要用 500V 绝缘电阻表（见图 3-98）测试绝缘电阻值。按照标准，接地保护应可靠，导线间和导线对地间的绝缘电阻值应大于 0.5MΩ。

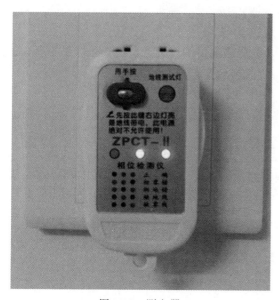

图 3-97　测电器

图 3-98　绝缘电阻表

### 4. 弱电通断的测试方法

弱电测试可采用指针式万用表或数字式万用表测试信号通断。对于网络等多芯信号线，可用专用测试仪进行测试，如图 3-99 所示。

测试双绞线通断的方法如下。

① 打开电源，将网线插头分别插入主测试器和远程测试器，主机指示灯从 1

图 3-99　网络测试仪

至 G 逐个顺序闪亮，如下：

主测试器：1-2-3-4-5-6-7-8-G

远程测试器：1-2-3-4-5-6-7-8-G（RJ45）

1-2-3-4-5-6------（RJ12）

1-2-3-4----------（RJ11）

② 若接线不正常，按下述情况显示：

a. 当有一根网线如 3 号线断路时，则主测试器和远程测试端 3 号灯都不亮。

b. 当有几根网线不通时，则几根网线的灯都不亮；当网线少于 2 根线连通时，灯都不亮。

c. 当两头网线（如 2、4 线）乱序时，则显示如下：

主测试器不变：1-2-3-4-5-6-7-8-G

远程测试端为：1-4-3-2-5-6-7-8-G

③ 当网线有 2 根短路时，则主测试器显示不亮，而远程测试端显示短路的两根网线的灯都微亮；若网线有 3 根以上（含 3 根）短路时，则所有短路的网线的灯都不亮。

# 二、电器试电检查方法

## （一）外观检测法

家用电器出现故障后，在通电情况下，可通过看、闻、听、摸等方法来初步判断电器故障点，确定故障范围。将电器通电后，可按如下方法检查：

① 眼要看电器内部有无打火、冒烟现象。

② 耳要听电器内部有无异常声音。

③ 鼻要闻电器内部有无焦味。

④ 手要摸一些管子、集成电路等是否烫手，如有异常发热现象，应立即切断电源。

## （二）电压法

电压法检测是所有检测手段中最基本、最常用的方法，是通过测量电子线路或元器件的工作电压，再与正常值进行比较来判断故障的检测方法。

经常测试的电压是各级电源电压、三极管的各极电压以及集成电路各脚电压等。一般而言，测得电压的结果是反映电器工作状态是否正常的重要依据。电压偏离正常值较大的地方，往往是故障所在的部位。

电压法可分为直流电压检测和交流电压检测两种。

### 1. 交流电压的检测

在一般电器的电路中，因市电交流回路较小，相对而言电路不复杂，测量时较简单。具体检测方法及注意事项如下：

① 用万用表的交流 500V 电压挡测电源变压器的初级端，这时应有 220V 电压，若没有则说明故障可能是熔丝熔断、电源线及插头有损坏。

② 若交流电压正常，可测电源变压器次级端，看是否有低压，若无低压，则可能是初级端，这时应有 220V 电压，若没有，故障可能是熔丝熔断、电源线及插头有损坏。

③ 若交流电压正常，可测电源变压器次级端，看是否有低压，若无低压，则可能是初级线圈开路性故障较大。而次级开路性故障很小，因为次级电压低，线圈烧断的可能性不大。

④ 在电压法检测中，要养成单手操作习惯，测高压时，要注意人身安全。

### 2. 直流电压的检测

直流电压的检测方法及注意事项如下：

① 对直流电压的检测，首先从整流电路、稳压电路的输出端入手，根据测得的输出端电压高低来进一步判断哪一部分电路或某个元器件有故障。

② 对测量放大器每一级电路电压，首先应从该级电源电路元器件着手，通常电压过高或过低均说明电路有故障。

③ 直流电压法还可检测集成电路的各脚工作电压。这时要根据维修资料提供的数据与实测值比较来确定集成电路的质量。

④ 在无维修资料时，平时积累经验是很重要的。例如，收录机按下放音键时，空载的直流工作电压比加载时要高出几伏；一般电器整机的直流工作电压等于功放集成电路的工作电压；电解电容的两端电压，正极高于负极。这些经验对检测及判断带来方便。

## （三）电流法

电流法是检测各管子和集成电路工作状态的常用手段，是通过检测三极管、集成电路的工作电流，各局部的电流和电源的负载电流来判断电器故障的检修方法。

电流法主要分为直接测量法和间接测量法两种。

### 1. 电流表直接测量法

直接测量电流的方法通常是在被测电流的通路中串入适当量程的电流表（见图 3-100），让被测电流的全部或一部分流过电流表，从电流表上直接读取被测电流值或被测电流分流值。

在图 3-100 所示的电路中，被测电流实际值为 $I_X = \dfrac{U}{R_0 + R_L} = \dfrac{U}{R}$。式中，$R_0$、$R_L$ 分别为信号源内阻和负载电阻。$R = R_0 + R_L$ 为电流回路电阻。

在电路中串接一个内阻阻值为 $r$ 的电流表（见图 3-101），则流过电流表的电流（即电流表读数值）为 $U_X = \dfrac{U}{R+r} = \dfrac{I}{1+\dfrac{r}{R}}$。相对测量误差为 $\beta = \dfrac{I' - I_X}{I_X} =$

$-\dfrac{r}{R+r}$。

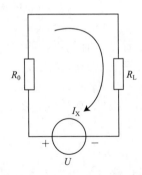

图 3-100　用电流表测量电流

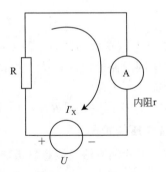

图 3-101　用电流表测量电流（续）

由上式可见，为使电流表读数值尽可能接近被测电流实际值 $I_X$，就要求电流表的内阻阻值 $r$ 尽可能接近于零，也就是说电流表内阻越小越好。

### 2. 电流表间接测量法

在串入电流表不方便或没有适当量程的电流表时，可以采取间接测量的方法，即把电流转换成电压、频率、磁场强度等物理量，直接测量转换量后根据该转换量与被测电流的对应关系求得电流值。

电流表间接测量法主要有电流-电压转接法、电流-磁场转接法、电流互感器法几种方法。

（1）电流-电压转接法

可以采用在被测电流回路中串入取样电阻 $r$，将被测电流转换为被测电压 $U_X$。

即 $U_X = I'_X r$。当满足条件 $r$ 时，由 $U_X = \dfrac{U}{R+r} = \dfrac{I}{1+\dfrac{r}{R}}$ 和 $U_X = I'_X r$ 可得：$U_X =$

$I_X r$ 或 $I_X = \dfrac{U_X}{r}$。

通常采取以下方法测量：

① 若被测电流 $I_X$ 很大，可以直接用高阻抗电压表测量标准电阻两端电压 $U_X$。

② 若被测电流 $I_X$ 较小，应将 $U_X$ 放大到接近电压表量程的适当值后，再由电压表进行测量。

③ 为了减小 $U_X$ 的测量误差，要求该放大电路应具有极高的输入阻抗和极低的输出阻抗，为此一般采用电压串联负反馈放大电路。

（2）电流-磁场转接法

采用电流-磁场转接法，可以在不允许切断电路或被测电流太大的情况下，通过测量电流所产生的磁场的方法来间接测得该电流的值。图 3-102 所示为采用霍尔式钳形电流表结构示意图。

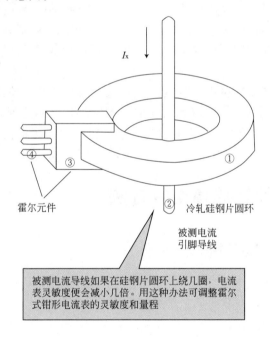

图 3-102 霍尔式钳形电流表结构示意图

冷轧硅钢片圆环的作用是将被测电流 $I_X$ 产生的磁场集中到霍尔元件上，以提高灵敏度。作用于霍尔片的磁感应强度为 $B = K_B I_X$。式中，$K_B$ 为电磁转换灵敏度。线性集成霍尔片的输出电压为 $U_o = K_H I B = K_H K_B I I_X = K I_X$。式中，$I$ 为霍尔片控制电流；$K_H$ 为霍尔片灵敏度；$K$ 为电流表灵敏度，$K = K_H K_B I$。若 $I_X$

为直流，则 $U_{\circ}$ 亦为直流；若 $I_{X}$ 为交流，则 $U_{\circ}$ 亦为交流。

霍尔式钳形电流表可测的最大电流达 100kA，可用来测量输电线上的电流，也可用来测量电子束、离子束等无法用普通电流表直接进行测量的电流。

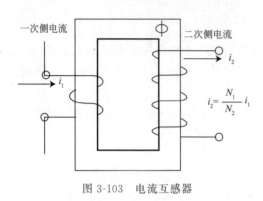

图 3-103　电流互感器

（3）电流互感器法

电流互感器法也可以在不切断电路的情况下，测得电路中的电流。它是在磁环上（或铁芯）上绕一些线圈而构成的，其结构如图 3-103 所示。

假设被测电流（一次侧电流）为 $i_1$，一次绕组匝数为 $N_1$，二次绕组匝数为 $N_2$，则二次侧电流为 $i_2 = i_1 (N_1/N_2)$。由此可见，只要测得二次侧电流 $i_2$，就可得知被测电流（一次侧电流）的大小。

$$i_2 = \frac{N_1}{N_2} i_1$$

电流互感器输出的是电流，测量时，电流互感器二次绕组接一电阻 R，从 R 上取得电压接到放大器或交直流变换器上，R 的大小由电流互感器的容量决定（一般常用电流互感器为 10V·A 或 5V·A），R 上输出电压为 $U_{\circ} = i_2 R = i_1 R (N_1/N_2)$。

由于电流互感器二次绕组匝数远大于一次绕组匝数，在使用时二次侧绝对不允许开路，否则会使一次侧电流完全变成励磁电流，铁芯达到高度饱和状态，使铁芯严重发热并在二次侧产生很高的电压，引起电流互感器的热破坏和电击穿，对人身造成伤害。此外，为了人身安全，电流互感器二次绕组一端必须安全接地。

# 三、水电管线故障维修方法

## （一）水管漏水故障维修方法

水管漏水主要是 PVC 下水管漏水、铁水管漏水、PP-R 水管漏水等。因水管材质不同和出现漏水的位置不同，维修的方法也不相同。

### 1. PVC 下水管漏水

如果是 PVC 下水管出现了漏水，应将损坏的下水管更换。具体维修步骤如下：

① 先将坏了的水管切断，把接口先套进管子的一端，使另外一端的隔断位置正好与接口的另外一个口子齐平。

② 直接往两端插入，使两端都有一定的交叉接着距离（长度）。

③ 把水管拆卸下来，用 PVC 胶水涂抹在直接的两端内侧与两个下水管的外侧，将水管连接好即可。

④ 如果卫生间下水管漏水不是非常严重，也可以用防水胶带来修补下水管（见图 3-104），首先用防水胶带缠住防水处，然后用砂浆防水剂和水泥抹上即可。

### 2. 铁水管漏水

铁水管出现漏水故障，要根据不同的情况采用不同的维修方法，具体如下：

① 如果是直径为 2cm 的铁水管出现漏水，但是铁水管没有出现锈蚀的，只是部分位置被破坏，首先把水管总阀关闭，接着更换受损的铁水管（可以切断受损的水管），然后用车丝用的器械车出新丝，最后接上连接头即可。

② 如果是因为整体水管出现锈蚀导致的漏水，就需要把该段水管整体换掉，两头车出丝口，再用连接件拧紧。

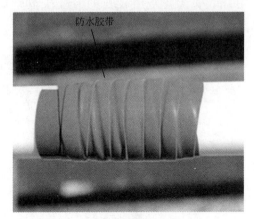

图 3-104　防水胶带

③ 如果是直径为 20cm 铁水管漏水，且连接头出现问题就换掉接头部分。如果是管身出现漏水，磨去原管身的锈蚀，再采用焊接方法修补，焊接时需要在修补位置镶嵌一块与水管贴合紧密的铁板作加固处理。

### 3. PP-R 水管漏水

PP-R 水管出现漏水故障，要具体查清楚是哪个部分的水管漏水，是热水管漏水还是冷水管漏水。如果是明装水管漏水，维修起来就比较简单，只要把破损地方重新换新即可；但如果是暗管漏水，就要刨墙或打地面。正规的热熔 PP-R 给水管不容易出现漏水现象，一般出现漏水情况的是水电工在施工时没有焊接好水管接头地方，时间长了从而导致漏水情况发生，这时只要把漏水地方找出来，重新焊接新的接头或换上新的水管即可。

## （二）下水管道阻塞故障维修方法

大多数下水管道发生堵塞主要是由于以下几个方面：

① 下水管道的弯头部分出现了状况，或者是内部油垢太多，造成排水空间缩小，所有下水管排水越来越慢，最后因为污垢堆积被堵塞。

② 在装修时如果管道里的泥块和建筑垃圾没有清理干净，那么就很容易发生堵塞。

③ 平时使用洁具时没有注意，让大块的不容易溶解的物质掉进下水管道里造成堵塞。

下水管道阻塞的维修方法如下：

① 先用疏通工具尝试疏通。如果是头发和污垢太多，用钩子或架子将它们夹出来即可。

② 如果是油垢太重，那么就倒入一些溶解剂，让油垢溶解。

③ 如果以上方法都无法解决堵塞问题，那么肯定是弯头后部较深的位置被堵住了，那么就要用较长的专业工具（如高压气枪和弹簧钻头等）来操作，如图3-105所示。

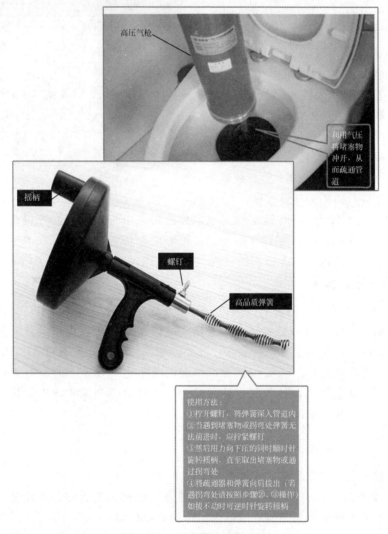

图 3-105　下水管道疏通工具

## （三）线路短路故障维修方法

室内线路发生短路时，由于短路电流很大，若熔丝不能及时熔断就可能烧坏电线或其他用电设备，甚至引起火灾。造成短路的原因大致有以下几个：

① 接线错误而引起火线与零线直接相碰。

② 因接线不良而导致接头之间直接短路，或接头处接线松动而引起碰线。

③ 导线绝缘受外力损伤，在破损处发生电源线碰接或者同时接地。

④ 在该用插头处不用插头，直接将线头插入插座孔内造成混线短路。

⑤ 电器用具内部绝缘损坏，导致导线碰触金属外壳而引起电源线短路。

⑥ 房屋失修漏水，造成灯头或开关过潮甚至进水而导致内部相间短路。

线路发生短路故障后，应迅速拉开总开关，逐段检查，找出故障点并及时处理。同时检查熔断器熔丝是否合适，熔丝不可选得太粗，更不能用铜丝、铝丝、铁丝等代替。

如果在线路较长的低压线路上发生了短路故障，线路上的灯泡和其他负载又较多，故障点又不明显时，查找故障点是非常困难的。这时，可按图 3-106 所示方法用钳形电流表测量电流来查找短路处，具体操作如下所述。

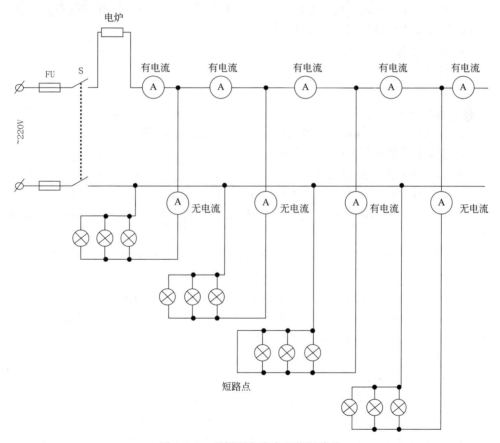

图 3-106　用钳形电流表查找短路处

① 用一只 2000W 的电炉代替熔丝，或接在熔丝刚接出的线路中。接上熔丝，接通电源。

② 由于线路中有短接点，电源电压几乎全部降到 2000W 电炉丝两端，从短路

点到负载这段线路上便有电流流过，线路其他部分却无电流通过。

③ 可用钳形电流表小挡位去测量线路中的各处电流，测量时可分段测量。

④ 如果测出无电流，说明故障点在测量电炉丝线路上。

⑤ 如果测得有电流，说明故障点还在中间位置的后面线路上。

⑥ 继续向后查找，逐步缩小测量范围，当测得电流在有与无的分界点时，便可顺利地找出故障点。

该检查方法优点是在不分段断开电线、不破坏线路的整体时，快捷准确地确定故障点（对于线路较长的架空线路查找尤为优越）。但在使用此检查方法时要把正常的负载开关断开，再查找故障处。

### （四）线路断路故障维修方法

断路是指线路不通，电源电压不能加到用电设备上，用电设备不能正常工作。造成断路故障主要原因有以下几个：

① 导线断落。

② 线头松脱。

③ 开关损坏。

④ 熔丝熔断。

⑤ 导线受损伤而折断或铝导线接头受严重腐蚀而造成断开等。

线路发生断路故障可按如下步骤维修：

① 首先应检查熔断器内熔丝是否熔断。

② 如果熔丝已经熔断，应接着检查电路中有无短路或过负荷等情况。

③ 如果熔丝没有熔断并且电源侧火线也没有电，则应检查上一级的熔丝是否熔断。

④ 如果上一级的熔丝也没有断，就应该进一步检查配电盘（板）上的刀开关和线路。

⑤ 检修时可采用验电笔或万用表来判断故障部位。验电笔检测火线时氖泡应发光，测零线时氖泡不发光。接通电源后，检测火线各连接点应正常发光，如果哪一点不发光应检查与前一点之间连线及一些连接。

⑥ 检测零线时，闭合某一照明灯具开关，从灯具的零线往电源方向逐段检测，直至找到氖泡不发光点，即为零线断线故障点。

⑦ 用万用表检测时将量程放至交流电压挡250V，接通电源并闭合开关，测量漏电保护开关输出端、插座、灯座接线桩电压，都应指示为220V。

⑧ 采用验电工具逐段检查，缩小故障点范围。找到故障点后应进行可靠处理。

### （五）线路漏电故障维修方法

漏电也是一种常见的故障。人体接触到有漏电的地方，就会感到发麻，危害人身安全。当线路有漏电现象存在时，漏电保护开关会出现跳闸的现象。

漏电主要是由于导线或用电设备的绝缘因外力而损伤；或经长期使用绝缘发生老化现象，又受到潮气侵袭或者被污染而造成绝缘不良所引起的。室内照明和动力线路漏电时可按如下方法维修。

### 1. 漏电的判断方法

首先应判断漏电是否真的存在，判断方法如下：

① 用绝缘电阻表摇测，看绝缘电阻的大小，或在被检查线路的总刀开关上接一只电流表，取下所有灯泡，接通全部电灯开关，仔细观察电流表。

② 若电流表指针摆动，则说明有漏电。指针偏转越大，说明漏电越大。

### 2. 漏电性质的判断方法

仍以接入电流表检查漏电为例，判断方法如下：

① 首先切断零线观察电流的变化。

② 若电流表指示不变，则说明火线和大地之间有漏电。

③ 若电流表指示为零，则说明火线与零线之间有漏电。

④ 若电流表指示变小但不为零，则说明火线与零线、火线与大地间均有漏电。

⑤ 确定漏电范围方法是：取下分路熔断器或拉开分路刀开关，若电流表指示不变则说明总线漏电；电流表指示为零则说明分路漏电；电流表指示变小但不为零，则说明总线和分路均有漏电。

### 3. 漏电点的查找方法

按照上述方法确定漏电范围后，即可查找漏电点，具体按如下所述操作：

① 首先依次断开该线路的灯具开关，当拉断某一开关时，若电流表指示回零，则说明这一分支线漏电。

② 若电流表的指示变小，则说明除这一分支线漏电外还有其他漏电处。

③ 若所有灯具开关都断开后电流表指示不变，则说明该段干线漏电。

④ 依照上述查找方法依次把故障范围缩小到一个较短的线段内，便可进一步检查该段线路的接头以及电线穿墙转弯、交叉、绞合、容易腐蚀和易受潮等处有无漏电情况。

⑤ 当找到漏电点后，应及时妥善处理。

# 第四讲

## 职业化训练课后练习

# 灯具安装维修实训

## 一、集成吊顶灯安装实训：欧普集成吊灯 LED 灯的安装

安装要点：该灯具为 LED 吊顶照明模块，安装方式如图 4-1 所示。

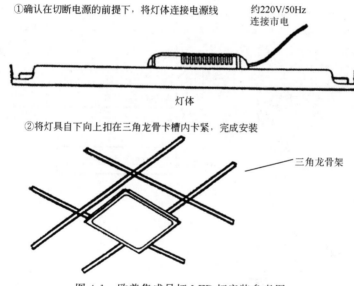

①确认在切断电源的前提下，将灯体连接电源线　　约220V/50Hz 连接市电

灯体

②将灯具自下向上扣在三角龙骨卡槽内卡紧，完成安装

三角龙骨架

图 4-1　欧普集成吊灯 LED 灯安装参考图

维修要点：该灯具如出现灯闪故障，可按如下方法维修：

① 查线路开关是否接在火线上面。外部是否有其他未经确认可以使用的其他电子开关。

② 拆下灯具查看内部接线是否接触不良。

③ 检查光源及驱动是否有烧坏痕迹。

## 二、吊灯安装实训：欧普照明 LED 阑珊餐吊灯的安装

安装要点：安装该灯的步骤为固定挂板→接线→固定底盘→完成，具体安装步骤如图 4-2 所示。

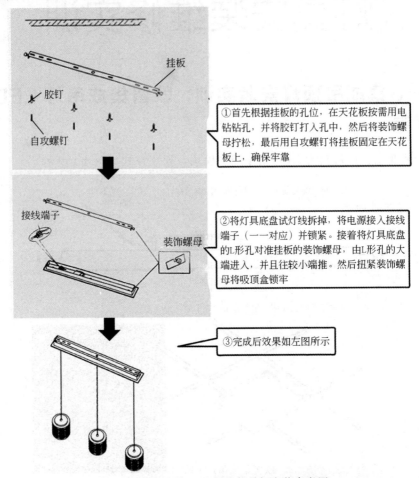

①首先根据挂板的孔位，在天花板按需用电钻钻孔，并将胶钉打入孔中，然后将装饰螺母拧松，最后用自攻螺钉将挂板固定在天花板上，确保牢靠

②将灯具底盘试灯线拆掉，将电源接入接线端子（一一对应）并锁紧。接着将灯具底盘的L形孔对准挂板的装饰螺母，由L形孔的大端进入，并且往较小端推。然后扭紧装饰螺母将吸顶盒锁牢

③完成后效果如左图所示

图 4-2 欧普照明 LED 阑珊餐吊灯安装参考图

维修要点：该灯具如出现不亮故障，可按如下方法维修：

① 检查线路是否接触良好并且电压正常。

② 拆下灯具查看内部接线是否松脱。

③ 检查光源及驱动是否有烧坏痕迹，如图 4-3 所示。

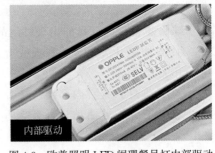

图 4-3 欧普照明 LED 阑珊餐吊灯内部驱动

# 三、吊灯安装实训：欧普照明光之翼餐厅 LED 吊灯的安装

安装要点：该灯具为小号单控、大号调光调色和大号双层调光调色三种款式。以小号单控款为例，安装步骤如图 4-4 所示。

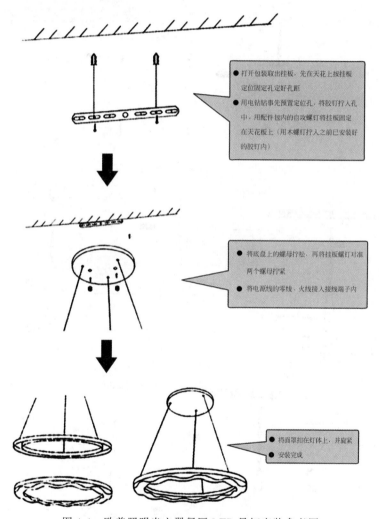

● 打开包装取出挂板，先在天花上按挂板定位固定孔定好孔距
● 用电钻钻事先预置定位孔，将胶钉拧入孔中，用配件包内的自攻螺钉将挂板固定在天花板上（用木螺钉拧入之前已安装好的胶钉内）

● 将底盘上的螺母拧松，再将挂板螺钉对准两个螺母拧紧
● 将电源线的零线、火线接入接线端子内

● 将面罩扣在灯体上，并旋紧
● 安装完成

图 4-4 欧普照明光之翼餐厅 LED 吊灯安装参考图

维修要点：该灯具如出现遥控失灵故障，应按如下方法排查：
① 重新学习或复位。
② 更换遥控器电池。
③ 更换新遥控器，检查灯具是否不良。

# 四、吊灯安装实训：欧普照明 12-DD-56879 多头布艺吊灯的安装

安装要点：以欧普 12-DD-56879 3 头吊灯为例，安装步骤如图 4-5 所示。

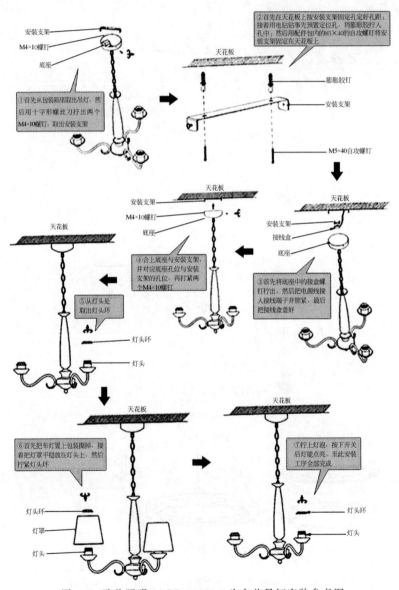

图 4-5 欧普照明 12-DD-56879 3 头布艺吊灯安装参考图

维修要点：安装前需要切断电源，防止触电。如出现单个灯不亮故障，需要更换 E27 灯头的球泡。

## 五、吊灯安装实训：月影凯顿欧式全铜枝形水晶吊灯的安装

安装要点：该枝形吊灯由弯管、中柱、主电线、灯罩、挂板、吊钟和吊链等部件组成。月影凯顿欧式全铜枝形水晶吊灯安装步骤如图 4-6 所示。

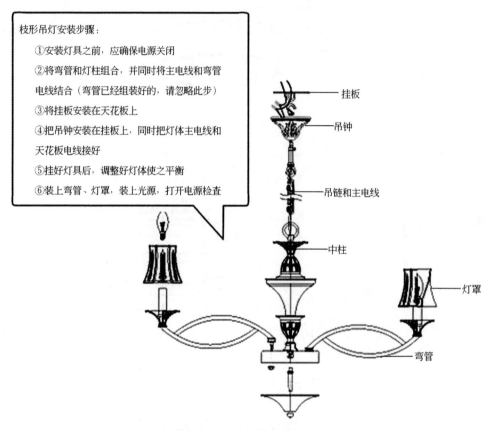

枝形吊灯安装步骤：
①安装灯具之前，应确保电源关闭
②将弯管和灯柱组合，并同时将主电线和弯管电线结合（弯管已经组装好的，请忽略此步）
③将挂板安装在天花板上
④把吊钟安装在挂板上，同时把灯体主电线和天花板电线接好
⑤挂好灯具后，调整好灯体使之平衡
⑥装上弯管、灯罩，装上光源，打开电源检查

图 4-6 月影凯顿欧式全铜枝形水晶吊灯安装参考图

维修要点：该灯具如出现整个灯不亮故障，多因线路的连接处松动造成。如出现单个灯头不亮，则为单个光源损坏，应更换 E27 或 E14 LED 光源。

## 六、吸顶灯安装实训：欧普照明客厅吸顶灯的安装

安装要点：欧普照明客厅吸顶灯的主要部件名称如图 4-7 所示。欧普照明客厅吸顶灯安装步骤如图 4-8 所示。

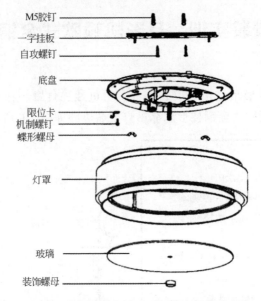

M5胶钉
一字挂板
自攻螺钉
底盘
限位卡
机制螺钉
蝶形螺母
灯罩
玻璃
装饰螺母

图 4-7　欧普照明客厅吸顶灯的主要部件名称

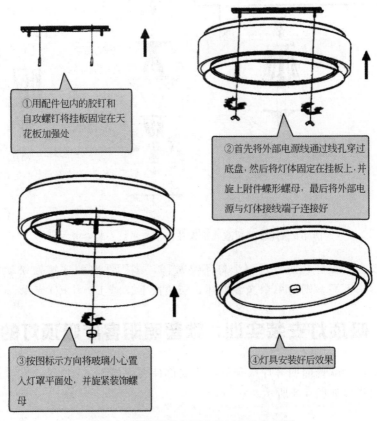

①用配件包内的胶钉和自攻螺钉将挂板固定在天花板加强处

②首先将外部电源线通过线孔穿过底盘，然后将灯体固定在挂板上，并旋上附件蝶形螺母，最后将外部电源与灯体接线端子连接好

③按图标示方向将玻璃小心置入灯罩平面处，并旋紧装饰螺母

④灯具安装好后效果

图 4-8　欧普照明客厅吸顶灯安装参考图

维修要点：接通电源后灯不亮时，应确认灯管安装和接线是否正确，灯管是否良好。如灯管严重发黑、亮度降低，说明灯管使用寿命已到，需要更换配套的欧普灯管。更换灯管的方法如图 4-9 所示。

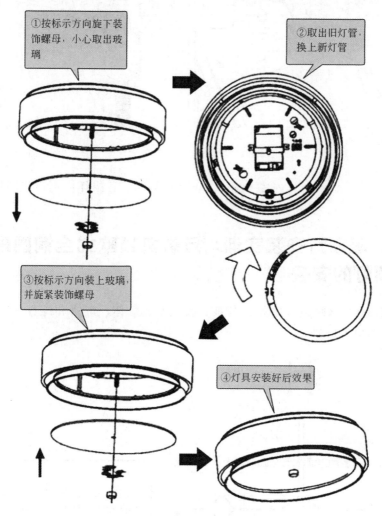

图 4-9 更换欧普照明灯管方法

## 七、吸顶灯安装实训：飞利浦 Ledino69067 40K 吸顶灯的安装

安装要点：飞利浦 Ledino69067 40K 是一款可调光家用高功率吸顶灯。安装需要提前准备手电钻、螺丝刀和记号笔等工具。将灯具固定后，按图 4-10 所示连接好地线和开关火线及零线即可。

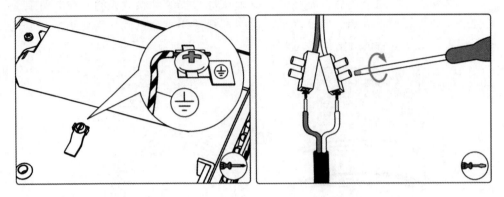

图 4-10　飞利浦 Ledino69067 40K 吸顶灯线路的连接

　　维修要点：该款灯具内置 4 盏 7.5WLED 灯珠，若损坏应更换相同规格 LED 灯珠。

## 八、吸顶灯安装实训：月影凯顿欧式全铜圆形 2 灯头吸顶灯的安装

　　安装要点：该吸顶灯主要由挂板、吸顶盘、灯体、灯罩和螺杆等部件组成，安装步骤如图 4-11 所示。

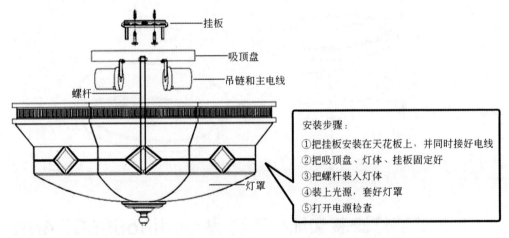

图 4-11　月影凯顿欧式全铜圆形 2 灯头吸顶灯安装参考图

　　维修要点：该灯具出现不亮故障，一般多因光源损坏造成，采用 E27 或 E14 型 5WLED 光源更换即可。

# 九、浴霸安装实训：欧普照明灯暖式集成吊顶浴霸的安装

安装要点：该浴霸分为集成吊顶式和吸顶式两种安装方式。以集成吊顶式安装方式为例，其安装步骤如图 4-12 所示。

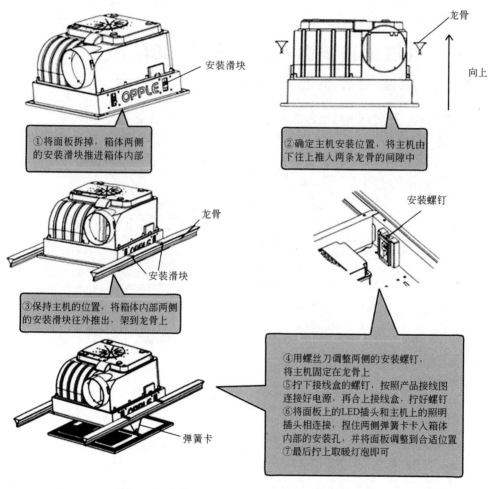

安装滑块

①将面板拆掉，箱体两侧的安装滑块推进箱体内部

龙骨

向上

②确定主机安装位置，将主机由下往上推入两条龙骨的间隙中

龙骨

安装滑块

③保持主机的位置，将箱体内部两侧的安装滑块往外推出，架到龙骨上

安装螺钉

④用螺丝刀调整两侧的安装螺钉，将主机固定在龙骨上
⑤拧下接线盒的螺钉，按照产品接线图连接好电源，再合上接线盒，拧好螺钉
⑥将面板上的LED插头和主机上的照明插头相连接，捏住两侧弹簧卡卡入箱体内部的安装孔，并将面板调整到合适位置
⑦最后拧上取暖灯泡即可

弹簧卡

图 4-12　欧普照明灯暖式集成吊顶浴霸安装参考图

维修要点：该浴霸出现故障多为红外灯泡损坏所致，更换最大功率为 275W 的硬质玻璃红外灯泡即可。注意，更换红外灯泡前必须切断电源。

**课堂二**

# 热水器安装维修实训

## 一、电热水器安装实训：美的 60L F60-21WB2（ES）双管电热水器的安装

安装要点：安装该电热水器应注意如下几点：

① 选好适合的位置后，确定 2 个带钩膨胀螺栓（见图 4-13）安装孔的位置。该电热水器容量为 60L，膨胀螺栓的孔距为 422mm。注意：电热水器右侧要预留不小于 400mm 的空间，方便日后维修。

| 容量（L） | 40 | 50 | 60 | 80 | 100 |
|---|---|---|---|---|---|
| 孔距（mm） | 210 | 310 | 422 | 297 | 447 |

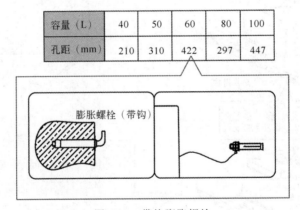

图 4-13　带钩膨胀螺栓

② 电源插座位置最好安装在电热水器的右上方。电源插座的离地安装高度不低于 1.8m，如图 4-14 所示。使用插座前要检查火线和零线的相位正确，地线接地可靠。

③ 把随机附带的单向安全阀安装在主机冷水进口上，如图 4-15 所示，注意保持单向安全阀泄压口朝下，以保证水能从泄压孔中顺利流出。连接到单向安全阀的泄水软管要连续向下倾斜安装在无霜的环境中，并且必须保持与大气压力相同，切勿堵塞。

④ 所有管路安装好后，打开冷水进水阀门和热水出水阀门，开始往电热水器内注水，待出水口正常出水时，表明电热水器内水已注满，再关闭出水阀。检查所有管路的连接是否漏水，如有漏水应修好后重新注水检查。

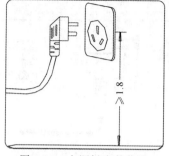

图 4-14 电源插座的位置

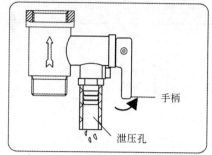

图 4-15 美的 60L F60-21WB2（ES）
双管电热水器安全阀

维修要点：在实际维修中，该电热水器多因限温器动作造成显示屏无显示故障，需要拆机检查排除故障。

# 二、电热水器安装实训：美的 F60-21WB1（E）遥控电热水器的安装

安装要点：选好适合位置后，确定 2 个带钩膨胀螺栓安装孔的位置。该电热水器容量为 80L，膨胀螺栓孔距应为 297mm。具体安装要求如图 4-16 所示。

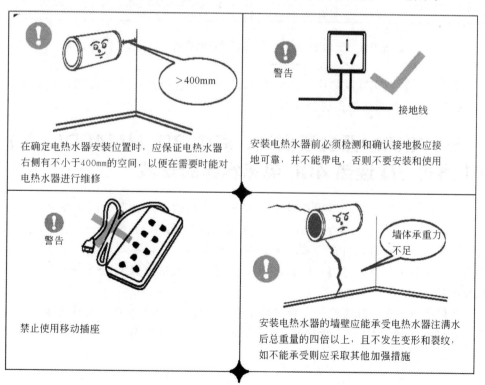

图 4-16

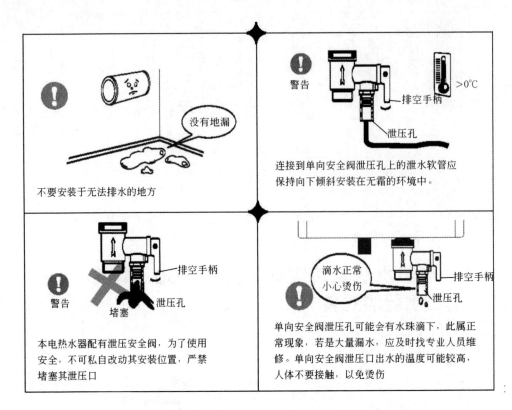

图 4-16  美的 F60-21WB1（E）遥控电热水器安装参考图

维修要点：在实际维修中，该电热水器多因传感器损坏从而造成显示故障代码"E4"，更换相同规格传感器即可排除故障。

## 三、电热水器安装实训：海尔 3D‑HM40DI（E）TT 遥控 3D 速热 40L 电热水器的安装

安装要点：该电热水器采用挂墙式安装，管路的连接、混合阀和安全阀的安装步骤如图 4-17 所示。安装好后，首次使用因内胆无水，必须先开启自来水进水阀门和热水器出水口，将混合阀调到最大出热水挡处，待喷头或其他出水口连续出水后（则表示此时容器内水已满），关闭出水口，检查各接口处无漏水后，连接电源试机。

维修要点：在实际维修中，该电热水器多因传感器 RT 损坏而造成热水器不工作并且显示 E3 故障代码，更换相同规格的传感器即可排除故障。

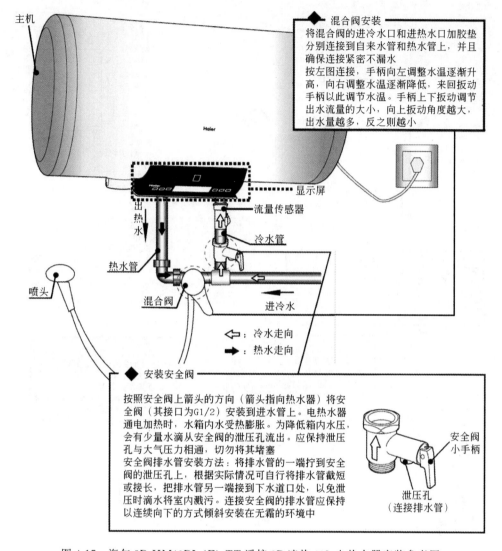

主机

◆ 混合阀安装
将混合阀的进冷水口和进热水口加胶垫分别连接到自来水管和热水管上，并且确保连接紧密不漏水
按左图连接，手柄向左调整水温逐渐升高，向右调整水温逐渐降低，来回扳动手柄以此调节水温。手柄上下扳动调节出水流量的大小，向上扳动角度越大，出水量越多，反之则越小

显示屏

流量传感器

出热水

冷水管

热水管

喷头

混合阀

进冷水

⇐：冷水走向
⇒：热水走向

◆ 安装安全阀

按照安全阀上箭头的方向（箭头指向热水器）将安全阀（其接口为G1/2）安装到进水管上。电热水器通电加热时，水箱内水受热膨胀。为降低箱内水压，会有少量水滴从安全阀的泄压孔流出。应保持泄压孔与大气压力相通，切勿将其堵塞
安全阀排水管安装方法：将排水管的一端拧到安全阀的泄压孔上，根据实际情况可自行将排水管截短或接长，把排水管另一端接到下水道口处，以免泄压时滴水将室内溅污。连接安全阀的排水管应保持以连续向下的方式倾斜安装在无霜的环境中

安全阀小手柄

泄压孔
（连接排水管）

图 4-17　海尔 3D-HM40DI（E）TT 遥控 3D 速热 40L 电热水器安装参考图

# 四、燃气热水器安装实训：万家乐 LJSQ27-16UF1 强制排气式冷凝式家用燃气快速热水器的安装

安装要点：该型号燃气热水器安装步骤如图 4-18、图 4-19 所示，包括热水器主体的安装、冷热水管的安装、排冷凝水管的连接、供气管道的安装、排烟管道的安装和电气的安装。安装好后，仔细检查各连接处是否正确，有无泄漏，确认正确后即可通水、开机和水温调节等试运行操作。

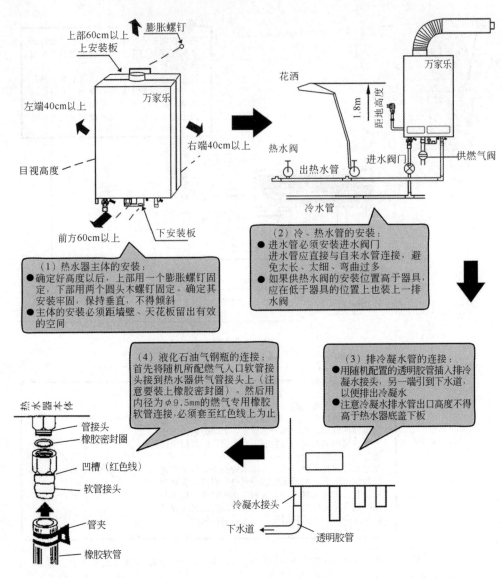

图 4-18　万家乐 LJSQ27-16UF1 强制排气式冷凝式燃气快速热水器安装参考图

维修要点：在实际维修中，该型号燃气热水器多因温度探头不良从而造成显示"E4"故障，应关闭气源，拔掉电源插头，拆机更换温度探头或使其接触良好即可排除故障。

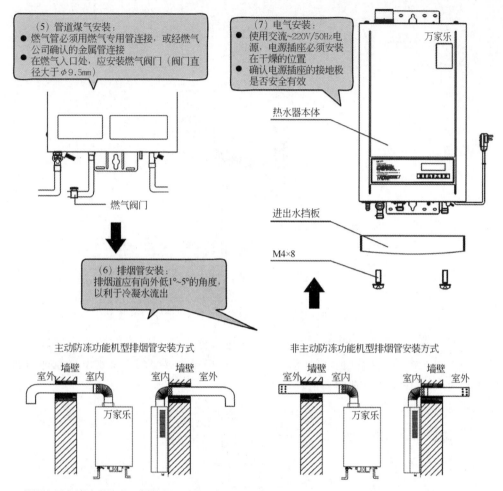

（5）管道煤气安装：
● 燃气管必须用燃气专用管连接，或经燃气公司确认的金属管连接
● 在燃气入口处，应安装燃气阀门（阀门直径大于φ9.5mm）

燃气阀门

（7）电气安装：
● 使用交流~220V/50Hz电源，电源插座必须安装在干燥的位置
● 确认电源插座的接地极是否安全有效

万家乐

热水器本体

进出水挡板

M4×8

（6）排烟管安装：
排烟道应有向外低1°~5°的角度，以利于冷凝水流出

主动防冻功能机型排烟管安装方式　　　　　　非主动防冻功能机型排烟管安装方式

室外 墙壁 室内　　室内 墙壁 室外　　　室外 墙壁 室内　　室内 墙壁 室外

万家乐　　　　　　　　　　　　　万家乐

排烟管向侧面的安装方式　排烟管向后面的安装方式　排烟管向侧面的安装方式　排烟管向后面的安装方式

图 4-19　万家乐 LJSQ27-16UF1 强制排气式冷凝式燃气快速热水器安装参考图（续）

# 五、燃气热水器安装实训：海尔 JSQ16/20-（R）H/J/L 燃气热水器的安装

安装要点：该燃气热水器安装示意图如图 4-20 所示。安装步骤是安装排烟管→安装主机→安装燃气管→安装冷热水管。安装时应注意如下几点：

① 排烟管通过可燃材料墙壁时，必须覆盖大于 20mm 厚度的绝热材料。

② 排烟管出口应有向下 3°～5°的倾斜，以利于冷凝水流出，并防止雨水倒灌。

③ 热水器进水端应安装一角阀，以方便维修时能切断水源。

④ 排烟管的长度不要超过 3m，转弯不要超过 2 个，转弯角度不小于 90°，转弯半径不小于 90mm。

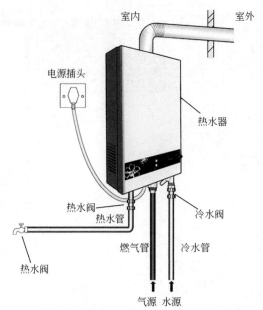

图 4-20 海尔 JSQ16/20-(R)H/J/L 燃气热水器安装参考图

维修要点：在实际维修中，该机型燃气热水器多因燃烧不良导致温控器频繁动作报 E6 故障，可将温控器更换为 85℃温控器即可排除故障。该机电气原理图如图 4-21 所示，供维修检测时参考。

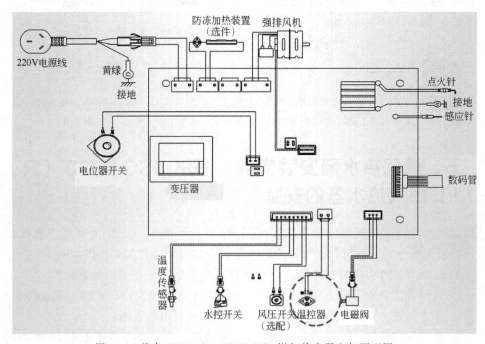

图 4-21 海尔 JSQ16/20-(R)H/J/L 燃气热水器电气原理图

# 六、燃气热水器安装实训：美的 JSQ22-12HWB（T）燃气热水器的安装

安装要点：本热水器必须安装排烟管，排烟管的安装要求如图 4-22 所示。

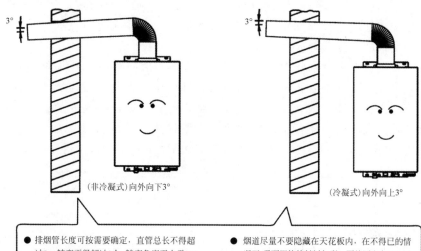

(非冷凝式)向外向下3°    (冷凝式)向外向上3°

● 排烟管长度可按需要确定，直管总长不得超过5m，转弯不得超过3个，转弯角度不小于90°，以减小排烟阻力
● 排烟管与热水器排烟口处需用螺钉紧固，不得让废气排到室内
● 普通强排式燃气热水器应有向外向下3°的斜度，冷凝式热水器的排烟道应有向外向上3°的斜度
● 烟道通过可燃材料构成的墙壁时，必须用大于20mm厚度的绝热阻燃材料覆盖

● 烟道尽量不要隐藏在天花板内，在不得已的情况下，需要用绝热材料包裹，覆盖厚度在20mm以上。烟道离天花板及家具等可燃物品的距离应大于150mm
● 烟道与其穿过的墙壁上的圆孔之间的间隙，不得用水泥类东西填充，以方便维修
● 带机械式防冻装置的热水器，安装时可根据实际情况，从下图所示A、B两种安装方式中选择任意一种。注意：选择B安装方式时，务必保持防冻装置底部的箭头是垂直向上

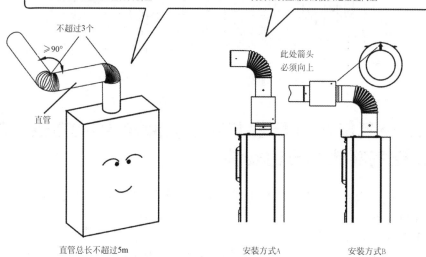

不超过3个
≥90°
直管
直管总长不超过5m

此处箭头必须向上
安装方式A    安装方式B

图 4-22　美的 JSQ22-12HWB（T）燃气热水器安装参考图

安装工序全部完成后，应进行如下试机：

① 先插上插头，接通电源。

② 将进水阀开关开至最大，打开出热水阀，检查是否有水流出。

③ 关闭出热水阀，把燃气总阀安全打开。

④ 按下操作面板上的开关按钮。

⑤ 打开出热水阀进行点火操作，热水器有"啪啪"点火声，热水随即流出。安装后第一次使用或长时间没有使用的热水器，需要多次进行点火操作直到排出管内全部空气后才能点着火。

维修要点：在实际维修中，该型燃气热水器多因点火针和反馈针不良从而造成燃气热水器出现打不着火故障。如因点火针偏位或老化造成点火十分困难，可更换或将点火针正确安放；如因反馈针老化，可将反馈针擦亮安放好（使火焰不管大火还是小火能充分烧着反馈）即可。该燃气热水器的接线图如图 4-23 所示，同样适用 QF3、HA、HB、HP2、10LE2、10LE、HB1、HWA 等系列机型。

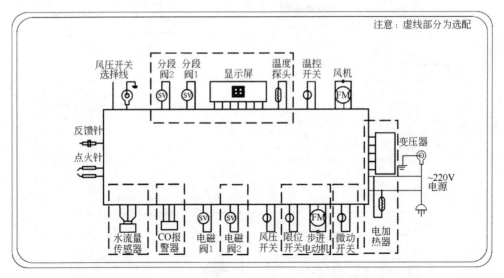

图 4-23 美的 JSQ22-12HWB（T）燃气热水器接线图

# 七、空气能热水器安装实训：海尔 KF32/80/100-E/L3 空气能热水器的安装

安装要点：该型号的空气能热水器安装步骤包括室外机的固定→储水箱的固定→水箱管路的安装→室外机的连线→冷媒管路的安装→试运行。

安装时应注意如下几个方面：

① 安装水箱管路时，进出水管勿接反。安全阀应在指定位置安装，如图 4-24 所示，按照安全阀上箭头的方向（箭头指向水流方向）将安全阀（其接口为 G1/2）

安装到进水管上。如果自来水进水压力低于 0.1MPa，应在进水口增加增压泵；如果自来水进水压力高于 0.8MPa，则在进水口安装减压阀。

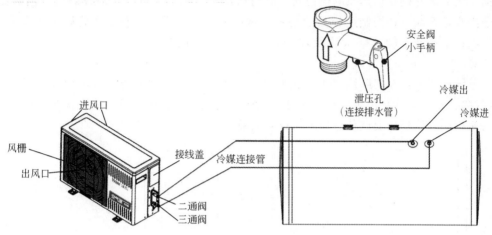

图 4-24 水箱管路安装参考图

② 室外机连线的方法如图 4-25 所示。注意压线夹应压在连接线的外护套线上。

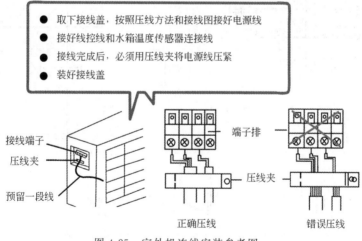

图 4-25 室外机连线安装参考图

③ 冷媒的安装包括冷媒管路的连接和冷媒管的排空。连接前首先将喇叭口及其对接接头锥面涂冷冻油，然后连接水箱，最后连接室外机。连接时先将喇叭口与对接锥头保持同轴度，然后用手拧紧螺母至铜管不能摆动，最后用扳手将螺母拧紧 0.5～1 圈。必须采用真空泵对连接管进行排空。操作方法是：先开启真空泵抽真空，真空度接近−0.1MPa 后关闭检修表低压手柄，停止真空泵。保压 30min 观察低压是否回升，无回升表明管路密封完好。确认管路无泄漏后使用六角匙逆

时针打开。

④ 机器全部安装好后，即可进行试运行。接通电源，按遥控器"开关机"键，第一次上电开机默认热泵制热模式，此时启用热泵功能。试运行检查的项目包括：子接头是否漏气；控制面板显示是否正常；有无异常噪声；整个水管路是否有漏水点；水箱排水阀、排水管及泄压阀排水管是否已接至下水道且能顺畅排水；等等。

维修要点：在实际维修中，该型号空气能热水器多因室外机环境温度传感器CN13（见图 4-26）出现断路、短路，从而造成机器不工作并显示故障代码"E4"。更换相同规格环境温度传感器即可排除故障。

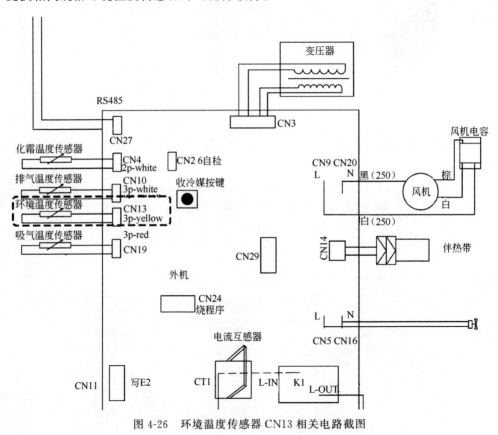

图 4-26　环境温度传感器 CN13 相关电路截图

# 地暖安装维修实训

## 一、水地暖安装实训：日丰地暖的安装

安装要点：日丰地暖的系统组成如图 4-27 所示。加热盘管的布置形式主要有直列型、往复型和螺旋型，如图 4-28 所示。地暖安装的工作流程包括设计、材料、施工和验收。具体的安装步骤：施工设计与地暖材料准备→清扫找平地面→安装分集水器→铺设防潮层（选）→固定边角保温层（带）→铺设绝热保温层和伸缩缝→施工前管试压→铺设反射膜、钢网→铺设地暖管→管试压→保压→填充层施工→抹找平层→铺设地面→系统冲洗→系统调试、试运行。

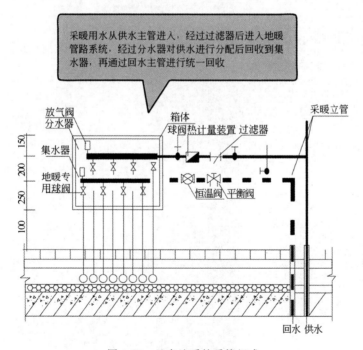

采暖用水从供水主管进入，经过过滤器后进入地暖管路系统，经过分水器对供水进行分配后回收到集水器，再通过回水主管进行统一回收

图 4-27　日丰地暖的系统组成

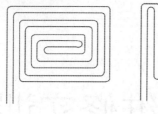 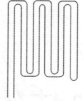 

■ 螺旋型：
高、低温管间隔布置，
地面温度均匀，采暖效
果好

■ 往复型：
管路弯曲度数大，
施工难度大

■ 直列型：
沿管环路走向地面
温度逐渐降低

图 4-28　日丰地暖加热盘管的布置形式

安装日丰地暖主要应注意如下事项：

① 地暖系统安装前，应保证施工现场水电管路施工完毕，厨房、卫生间应做过闭水试验并经过验收。施工安装前，对施工现场作必要的清理和找平处理。

② 日丰地暖分集水器应与日丰分集水器专用球阀或专用配件配套使用。分集水器安装要点如图 4-29 所示。

分集水器安装要点：

● 分集水器宜设在偏于控制、维修且用排水管道处，如厨房、卫生间等处。不宜设于卧室、起居室，更不能设于储藏间内、橱柜内
● 分集水器按预先划定的位置靠墙安装，安装做到平直、牢固
● 在墙上画线确定分集水器安装位置及标高。水平安装时，宜将分水器安装在上、集水器安装在下，中心距地面不应小于30mm。使用膨胀螺栓固定好分集水器
● 分集水器与热源连接段应该设置过滤器和控制球阀。在通常情况下，分水器棒体前端接控制球阀和过滤器，集水器棒体前端接控制球阀

图 4-29　日丰分集水器安装要点

③ 按要求依次铺设防潮层、固定边角保温层、铺设绝缘保温层，聚苯乙烯保温板要求铺平铺严，接缝处用密封胶带封严。

④ 按照预先划分的供暖区域及管道布置形式，将地暖专用管固定在保温层上。地暖管铺设要点如图 4-30 所示。

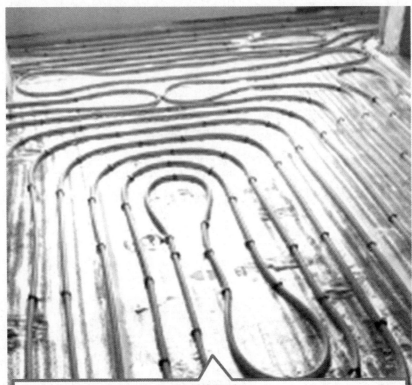

地暖管铺设要点：
● 敷设加热盘管时，管道端口应采取临时封堵措施
● 敷设加热盘管时，塑料管弯曲半径不应小于管道外径的8倍，铝塑复合管的弯曲半径不应小于管道外径的6倍
● 埋设于地面下的管道中间不得有接头
● 加热管道与分集水器支路连接之前，加热管道穿越地面处要有套管保护
● 加热管的环路布置不宜穿越填充层内的伸缩缝。必须穿越时，伸缩缝处应设柔性套管
● 在分集水器附近以及其他局部加热管排列比较密集的部位，加热管外部应采取设置柔性套管等措施
● 混凝土填充式供暖地面距墙面最近的加热管与墙面间距宜为100mm
● 加热盘管敷设后，未填充混凝之前，禁止穿硬底鞋在上面行走或搬运、堆放材料及设备

图 4-30 日丰地暖管铺设要点

⑤ 水管试压和系统的冲洗。水试压压力应为工作压力的 1.5 倍，且不小于 0.6MPa。有特殊要求的工程应按图纸所要求的试验压力进行。系统初始运行前，应对管路进行冲洗，以防止异物进入地暖系统而造成地暖管路堵塞。

维修要点：在实际维修中，日丰地暖多因室内过滤器阻塞从而造成使用时房间不热故障。卸下过滤器，用自来水冲洗过滤器即可排除故障。

## 二、电地暖安装实训：伟暖电热膜地暖的安装

安装要点：伟暖地暖的安装步骤包括施工准备→场面清扫→隔热材料附着→发热板剪裁→发热板绝缘→电源线连接→发热体附着→温控器设置→发热试验→试运行→工程现场整理→面层施工。安装时主要应注意如下几点：

① 隔热材料固定。用胶带纸将隔热材料固定在地面上。安装时应符合如下要求：

a. 隔热材料与墙体距 5mm，保证水泥层中水汽可以沿边缘散发出来。

b. 用双面胶带将隔热材料固定在水泥地上，隔热材料与隔热材料之间不留空隙，保证隔热效果。

c. 隔热材料铺设要平整、贴紧地面，不能移动。

② 发热板裁剪端绝缘要求。将发热板所有被剪裁端口，用绝缘胶带进行绝缘处理，如图 4-31 所示。

发热板裁剪端绝缘安装要点：
①所有被剪裁的部分必须进行绝缘，不能有遗漏处，否则会引起漏电
②裁剪处的绝缘采用二次绝缘，二次包边胶带宽度分配分别按2：3和3：2，增大绝缘面积
③粘贴一定要压牢，防止引起脱落造成漏电

图 4-31　发热板裁剪端绝缘

③ 制作接线点。用通电的电烙铁在发热板反面的铜片上，剔除发热板表面结构层，露出铜片，供连接电源线用，如图 4-32 所示。

电烙铁——

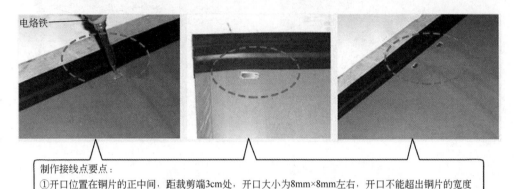

制作接线点要点：
①开口位置在铜片的正中间，距裁剪端3cm处，开口大小为8mm×8mm左右，开口不能超出铜片的宽度
②使用电烙铁进行操作时，操作要快，缩短电烙铁在发热板上的停留时间，以免高温对发热板的损坏

图 4-32　制作接线点

④ 发热板连线。用锡焊将电源连接线焊接在发热板上，发热板连线时应符合如下要求：

a. 连接同一片发热板（50cm 宽）两侧铜片的电源线必须是两根不同的电源线，否则会出现不发热的现象。

b. 焊接点不宜过小，否则会焊接不牢。

c. 用适度的力摇晃焊接点，检查焊接点是否牢固。

d. 使用电源连线要符合以下原则：截面积为 2.5mm² 电线适合 0～4kW，截面积为 3.5mm² 电线适合 4kW 以上。

⑤ 焊接点的防水绝缘处理。对所有焊接点及焊接点的背面，需要用防水胶泥和绝缘胶带进行防水和绝缘处理，如图 4-33 所示。

⑥ 发热板与发热板的连接。将同一取暖空间的发热板，用电源线采用并联连接方式进行连接，如图 4-34 所示。

⑦ 控制板固定。用胶带纸将发热板按设计要求固定在隔热层上。在固定发热板前，需要检查每个接线点的绝缘状况，以及进行阻值测量。

⑧ 安装温控器。在放置发热板的隔热层上，挖一个温控器感应探头大小的孔来安放探头，且用胶带纸固定好，然后将温控器导线固定在隔热层上。将发热板连线及温控器接线一起接入温控器指定的端口，如图 4-35 所示。

⑨ 温控器设置。将设备保护温度设置为 60℃，将低温保护温度设置为 0℃。

⑩ 布线。将发热板引出的电源线及温控器感应探头接线，沿墙边顺至电源及温控器线盒，如图 4-36 所示。

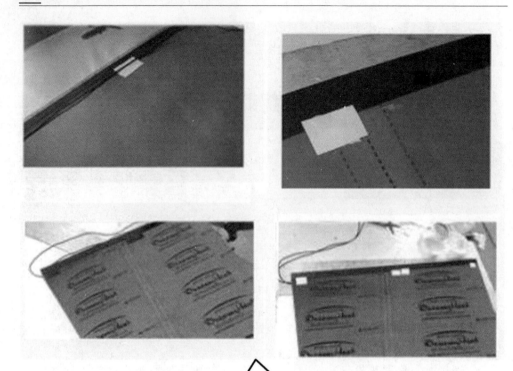

焊接点的防水绝缘处理要点：
①对每个焊接点和焊接点的背面，先用防水胶泥进行防水处理，再用绝缘胶带进行绝缘处理。注意：绝缘胶带需全部覆盖防水胶泥
②将连接线理顺，并用胶带固定在发热板上

图 4-33　焊接点的防水绝缘处理

发热板与发热板的连接要点：
①发热板的连接必须按并联方式连接，否则会影响发热效果
②连接的发热板总长度应小于14m
③连接板与板的连线长度适中

图 4-34　发热板与发热板的连接

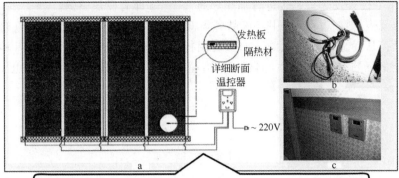

发热板
隔热材
详细断面
温控器
~ 220V
a
b
c

安装温控器要点：
①洞口开设在发热板中心区，距发热板边缘25cm处，洞体不要穿过隔热层
②温控器感应探头连线长度不要超过20m
③温控器线盒离地面1200~1400mm

图 4-35　安装温控器

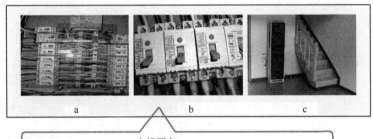

a
b
c

布线要点：
①每个取暖单元需要使用单独的进线和漏电保护器（通常情况下，可与空调器同用一个电源线，需现场确认）
②电源线及温控感应器接线在布线时不要重叠

图 4-36　布线

⑪ 检查及试验。地暖安装完工之前，必须做如下检查和试验：

a. 对照施工设计图，目视检查连线是否正确。

b. 在不通电状态下，用万用表检查电路和电阻值是否正常。理论值为

$$R = R'/N$$

式中　$R'$——发热板大小为 500mm×200mm 的电阻值；

　　　$N$——发热板大小为 500mm×200mm 的片数。

如偏差较大，应检查连线方式是否为并联，或接点是否有脱落。

c. 在通电状态下，将温控器的温度调至最高。

• 用电流表测定电流与理论值是否相符。理论值为

$$I = 220\% N/R'$$

式中　$R'$——发热板大小为 500mm×220mm 的电阻值；

　　　$N$——发热板大小为 500mm×220mm 的片数。

- 用手检查发热板是否进行加热。通常 1min 即有发热感觉。

维修要点：在实际维修中，该品牌电暖多因温控器不良或家庭用电超过配电箱的总负荷从而造成跳闸故障。如果是温控器问题可以利用万用表进行检测，或采用性能良好的温控器代换；如若是电力超负荷问题，则需要增容现有电路系统。

第五讲

职业化训练课外阅读

# 一、水电安装常用参考图

## （一）两室一厅一卫插座布置参考图（如图 5-1 所示）

图 5-1 两室一厅一卫插座布置参考图

## （二）两室一厅一卫给水布置参考图（如图 5-2 所示）

图 5-2　两室一厅一卫给水布置参考图

## （三）两室两厅两卫照明设计参考图（如图 5-3 所示）

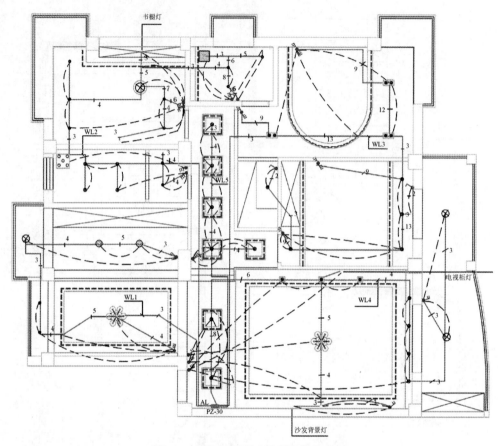

图 5-3　两室两厅两卫照明设计参考图

# （四）两室两厅两卫弱电设计参考图（如图 5-4 所示）

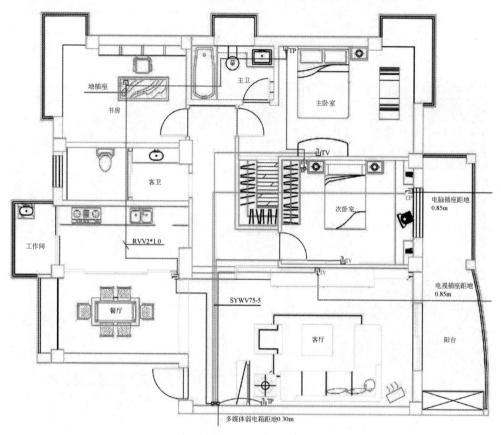

图 5-4　两室两厅两卫弱电设计参考图

# 二、水电安装返修按图索故障

## （一）水路安装返修按图索故障（如图5-5所示）

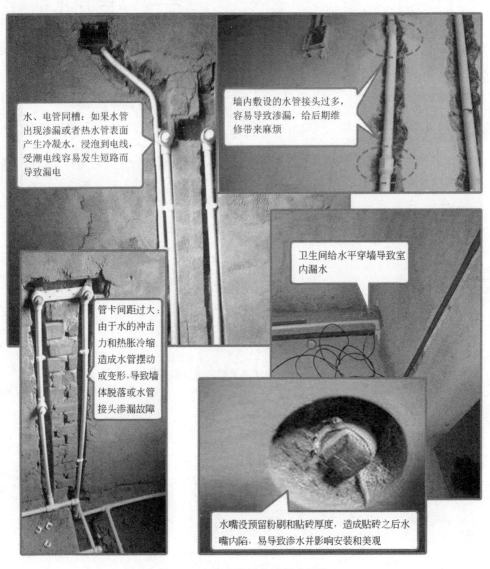

图 5-5　水路安装返修按图索故障

## （二）电路安装返修按图索故障（如图 5-6 所示）

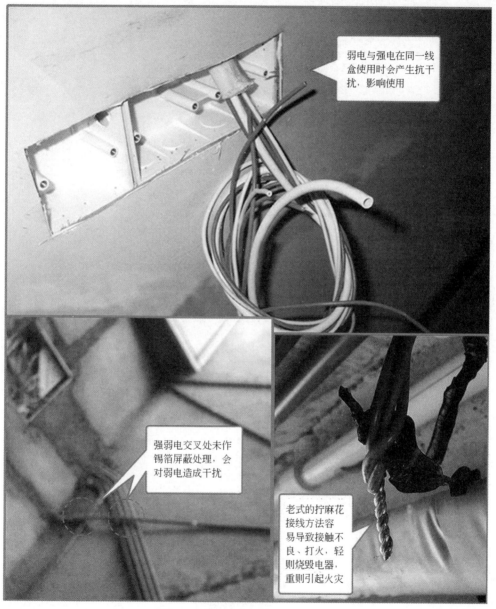

弱电与强电在同一线盒使用时会产生抗干扰，影响使用

强弱电交叉处未作锡箔屏蔽处理，会对弱电造成干扰

老式的拧麻花接线方法容易导致接触不良、打火，轻则烧毁电器，重则引起火灾

图 5-6　电路安装返修按图索故障